日本人の9割が信じている

残念な理系の常識

おもしろサイエンス学会［編］

出版社

はじめに

古代や中世では、まさか大地が動いているとは考えられず、当時の誰もが「天動説」を信じていた。現代では、「地動説」を常識として理解し生活しているが、私たちも間違ったことをそのまま理解していることが多い。

例えば「ウイルスと細菌を混同」していたり「セミは1週間しか生きられない」とか「IQテストで頭のよさがわかる」と信じていたりしているのだ。

間違えたまま、知らないままにしていたら、昔の天動説論者と同じことになり、本当のことを知らない〝残念な人だ〟と笑われるだろう。そうならないように、本書によって、身近なことから宇宙までの新常識を知っていただき、「そうだったのか」と思ってもらえれば幸いである。

2019年1月

おもしろサイエンス学会

1章 身近な科学の残念な常識

2章 生きものの残念な常識

3章 人間の残念な常識

4章 健康科学の残念な常識

5章 IT・メカ・技術の残念な常識

6章 宇宙・地球の残念な常識

デザイン／リクリ・デザインワークス
DTP／フレッシュ・アップ・スタジオ
カバーイラスト／Marish/shutterstock.com
本文イラスト／タラジロウ
編集協力／フレッシュ・アップ・スタジオ
後閑英雄・海童暖・竜野努・真鍋かおる

1章

身近な科学の残念な常識

「重い物と軽い物だと、重い方が速く落ちる」のどこが間違いかわかりますか

形も大きさも同じ球が二つあるとする。一つは鉄球で重く、もう一つはテニスボールのように中が空洞で軽い。この二つの球を同時に落としたらどうなるか説明できるだろうか。

まさか、地面に先に着くのは重い球だと思っていないだろうか。

それまで常識とされていた「天動説」をくつがえしたコペルニクスの「地動説」を支持したガリレオ＝ガリレイは、異端とされて二度の宗教裁判にかけられた。そんなガリレオは、古代ギリシアの大哲学者アリストテレスが唱えた「重い物ほど速く落下する」という説も否定し「重い物も軽い物も同時に落下する」と言ったのだ。

ガリレオはこのことを「思考実験」といわれる方法によっても証明している。

同じ大きさの金属球を二つ同時に落下させたとする。球は同時に地面に着くはずだ。では二つの球を糸でつないだらどうなるか。糸でつなげば重さが倍になるので、2倍の速さで落下するのだろうか。当然そんなことはない。では二つの球を糊（のり）で接着したらどうか。やはり同じ速さで落下するだろう。

では重い球と軽い球を、ひもで結びつけて落下させたらどうなるか。アリストテレスが考えたように、重い球の方が速く落下し、軽い球は遅く落下するとすれば、

①重い球が軽い球に引っ張られて、落下速度は遅くなる。

②重い球に軽い球をつないだため重くなり、落下速度は速くなる。

ということになり、矛盾が生じる。

したがってアリストテレスの考えは間違っている。

そしてガリレオは「重い物体も軽い物体も本来は同じ速度で落下する。地球上で落下速度が異なるのは空気抵抗によるもので、真空中では落下速度に差はない」と結論づけたのだった。

ちなみに、ガリレオがピサの斜塔から重さの異なる二つの球を落下させる実験を

行って、重い物体ほど速く落ちるとするギリシアの古典的物理学を否定したという逸話は有名だが、これは『ガリレオ伝』を書いたガリレオの助手ビビアーニの創作とされている。

実際にガリレオが行った実験は、斜めに置いたレールの上を、大きさは同じだが重さの異なる球を転がす実験で、その様子を描いた絵画が残っているという。

それから300年近くたった1971年、アポロ15号の乗組員によって月面で、アルミ製1・32キログラムのハンマーと、ファルコン（ハヤブサ）の羽根3グラムを同時に落とす実験が行われ、ほぼ同時に月面に着地した。この結果からもガリレオの説が裏付けられた。

近年、NASAが所有する世界最大の真空室で物体落下実験が行われた。物理学者ブライアン・コックスが行った実験で、ボウリングの球と羽根が同じ速度で落下する動画がYouTubeでも紹介されて話題となっている。

余談だが、1992年、ローマ教皇ヨハネ・パウロ2世が、ガリレオの二度の宗教裁判が誤りであることを公式に認め、ピサの斜塔で謝罪した。「間違えていた常識」を正し続けたガリレオの死から、およそ350年の年月が経っていた。

「ウイルスと細菌」を混同していませんか

医事漫談で知られるケーシー高峰のネタに「南極の風邪」というのがある。風邪は主にウイルスによって起こるので、ウイルスがない南極で暮らす南極地域観測隊の人は風邪をひかない。ところが故国から届いた手紙にウイルスが付着していると、風邪にかかってしまう。これを「かぜの便り」という……というものだ。

実際には、人間が生活できる環境であれば、ウイルスも生きることができるので、南極でも風邪をひく可能性はあるが、観測隊で風邪が流行したという話は聞かない。

風邪をはじめ、はしか、おたふく風邪、ヘルペス、肝炎、日本脳炎、小児まひなど、ヒトに病気を引き起こすウイルスは200種類もあるといわれ、人類の脅威でもある。

そもそもウイルスとは何かを、知らない人が多いのではないだろうか。また、ウイルスと、人の体に入りこんで感染症を引き起こす細菌を同じようなものだと考えてはいないだろうか。

ウイルスは細胞の構造をしていない。DNA（デオキシリボ核酸）かRNA（リボ核酸）のどちらかが、タンパク質の殻に包まれているだけの単純な粒子だ。増殖に必要な酵素を持っていないので、自力で増えることができず、他の生物の細胞を乗っ取って、自分の複製（クローン）を大量に作り出すことでしか増殖できない。

ウイルスは自分では増殖ができず、寄生した細胞に依存することから、厳密には「生物」とはいえない。だからといって「非生物」ともいいきれず、微生物の1種とみなされている。「他の生きた細胞が持つタンパク合成機能などの代謝系を使う、寄生生物と考えるのが妥当」という説もある。

一方で細菌は、一つの細胞が個体として生きる単細胞生物で、DNAとRNAを持っており、自ら分裂を繰り返して増殖することができる。増殖に必要な遺伝子や酵素などを一通り持っていて、完全に「生物」だ。

サイズも細菌とウイルスで大きく異なる。例えば、大腸菌の長さは1ミリメートルの約1000分の3だが、インフルエンザウイルスは1ミリメートルの1万分の1しかない。結核菌やピロリ菌のような細菌は、ウイルスの数10～数100倍の大きさがあるのだ。

病気を引き起こす仕組みも、細菌は毒素で細胞を死なせるのに対して、ウイルスは細胞に侵入して破壊するというように異なる。

例えば、病原性大腸菌O157は、「ベロ毒素」が大腸や毛細血管の細胞に入り込み、細胞を死に追いやる。その結果、腸管出血を引き起こし、症状が進めば死に至る場合もある。

ウイルスは、侵入（感染）した細胞の中で自らのクローンを大量に作り、細胞を破壊し、次の細胞に侵入、また増殖し続ける。破壊された細胞が一定数以上になると、感染部位に応じて症状を引き起こすのだ。

「雨粒の形」は、実はかなりヘンテコだった

落ちてくる雨粒を、肉眼ではっきりと見た人はまずいないだろう。

だが、漫画や絵本、イラストでは、雨粒を水道の蛇口や植物の葉の先端から落ちる水滴を想像したのか、涙のような「しずく」の形に描いており、多くの人もそのような形と思っているのではないだろうか。


まず、雨のでき方を簡単に説明する。雲の中で小さな氷の粒が無数に集まり、それが結合してある程度の大きさに達すると、重くなって地面に向かって落ちる。高度が下がると気温が上がるので氷の粒は溶けて液体に変わる。そのようにしてできた液体が、地面に降り注ぐ雨である。

そもそも液体には表面を可能な限り小さくしようとする「表面張力」という性質

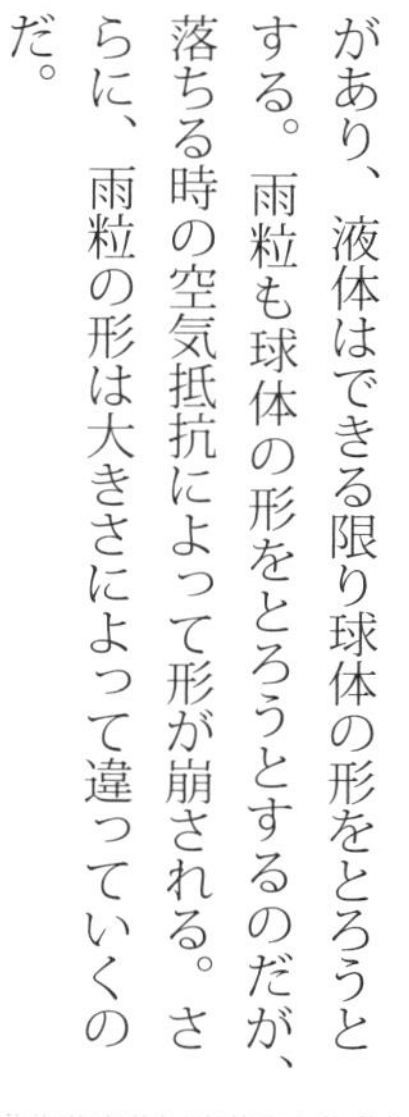

があり、液体はできる限り球体の形をとろうとする。雨粒も球体の形をとろうとするのだが、落ちる時の空気抵抗によって形が崩される。さらに、雨粒の形は大きさによって違っていくのだ。

直径0・5ミリという小さな雨粒はゆっくりと降り、地面に向かうときに水の表面張力によって球体になる。

直径2ミリほどの雨粒は速く降り、球形を保とうとするが、雨粒の底の部分は空気抵抗を受け、潰されて平らになる。底がほぼ平らなお供え餅や饅頭に似た形になる。

直径5ミリの大きな雨粒になると空気抵抗でさらに上下につぶれ、ひしゃげて底面の真ん中が凹んだ肉マンのような形状になる。

ちなみに、直径が6ミリもある大きな雨粒はたいてい途中で二つに分かれて小さな雨粒になるのだが、最大で直径が約8ミリの大きな雨粒も確認されている。雨は上から落ちてくるので、目には縦長に見えるが、直径5ミリの雨粒は、秒速9メートルの速さで落下する。そのため、人の目には速すぎて雨粒の形を見ることができない。

どうしても見たいという場合には、高性能のカメラで撮影すれば見られる。

「打ち水で涼しくなる」のではなく、むしろ暑くなることがある？

夏の暑さ対策に、浴衣(ゆかた)姿の若い女性が都心で「打ち水」をしている姿を、ニュースで流されることがある。

しかし、高層ビルが立ち並び、コンクリートで固められた現代の東京では、打ち水は気温を下げるどころか、逆に上げてしまいかねないという声が相次いでいる。

そもそも打ち水は、「場を清める」という神道の儀式から始まったものだった。家の玄関やお店の入り口の前に打ち水をするのは、客を迎えるにあたっての礼儀だった。

それが江戸時代には、夏の暑さ対策としても行われるようになった。地面に撒かれた水が蒸発する際、気化熱によって空気の温度が奪われるので涼しくなるからだ。

しかし、果たして東京のようにコンクリートジャングルと化した大都会で、暑さ対策として打ち水は効果的だろうか。

25℃の水1キログラムを撒くと、その気化熱によって1トンのアスファルトを2・7℃ほど冷やすことができるとされている。土の地面なら5℃前後下がるので、路地などで打ち水をするとひんやりと感じるわけだ。

ところが、水が水蒸気になると、空気よりも軽いので上空へとのぼっていく。上空の大気は地上よりも温度が低いので、水蒸気は冷やされて水になる。

だが、水蒸気1キログラムが凝縮して水になる時には、なんと約584キロカロリーの熱が放出されるというのだ。また、打ち水によって湿度が高くなり、大気の比重と蒸発した水蒸気の比重が同じになると、水蒸気の上昇が起きにくくなる。

こうなると、そよ風も吹かなくなり、湿度はさらに上がって体感温度は高くなってしまう。

つまり、打ち水には、効果がある場合と、逆効果の場合があるということだ。
たしかに、水を撒いたときには一時的に温度が下がる。しかし、打ち水には一時的な効果はあっても長続きはしない。その後はさまざまに変化するのだ。

例えば早朝や夕方、風通しの良いところに集中的に水を撒くとか、花壇に打ち水するのは効果的だが、周囲がアスファルトで、大勢の人が集まっているようなところでは、打ち水効果は弱くなるばかりか湿度がさらに高まり、体感温度が上がってしまう可能性もある。

猛暑で有名な岐阜県多治見（たじみ）市では、２００７年から散水車による打ち水が行われていたが、住民から「瞬間的には少しだけ涼しくなるが、10分もすると湯気がたち、余計に暑くなる」というクレームが殺到したという。

小池百合子（こいけゆりこ）東京都知事が、東京・日比谷ミッドタウンで行われた打ち水イベントに参加して打ち水の演出をした。２０２０年に迫った東京五輪での暑さ対策が話題になると、江戸由来の「打ち水作戦」を活用する意向を示した。しかしながら、打ち水によってかえって暑くなる可能性もある。

「買い物のレジ袋削減」に隠されたウラ話とは

日本では、レジ袋は年間約３００億枚使われているという。つまり、国民一人あたり約２５０枚使っていることになる。このことから、石油消費量の多さや、焼却のときに有毒ガスが出ると懸念されている。

過去には、大量消費を抑えるとして、「容器包装リサイクル法」というものができた。平成7年（１９９５年）に制定され、平成12年（２０００年）に完全施行された法律だ。

法施行後約10年が経過した平成18年（２００６年）に、改正容器包装リサイクル法が成立し、平成19年（２００７年）４月から施行された。

これは簡単にいうと、「レジ袋は石油の無駄使いだからやめて、エコバッグを利用しよう」という法律だ。だが、本当にレジ袋は石油の無駄使いで、レジ袋を削減することが環境改善に効果的なことなのだろうか。

冒頭の年間消費量の数字を見れば、それは大変なことだと思うかもしれない。しかし、実は原料の石油に換算すると、年間50万キロリットルにしかならない。日本の石油消費量は年間約２・４億キロリットルだから、このうちの50万キロリットルは、わずか０・２％に過ぎないのである。

しかも、レジ袋のほとんどは、アジア諸国からの輸入品なので、実際には０・１％にも満たない。製造工程のための原油必要量が別に必要だとしても、レジ袋をやめても石油使用量の大削減にはつながらない。

また、燃やしたときに有害ガスが出ると言われているが、基本的にレジ袋は高密度ポリエチレン製なので、燃やしても二酸化炭素と水が発生するだけで、有害な気体が発生することはほとんどない。不完全燃焼すれば、発ガン性物質のベンゼンなどが発生する恐れはあるが、高温で燃焼焼却すればその可能性は低い。

そもそもレジ袋は、焼却炉の助燃剤とされることもある。これは薄くて発熱量が高く、エネルギー回収も効率的に行うことができるからだ。生ゴミだけを燃やすために原油を使うよりも、レジ袋を一緒に燃やせば資源のムダ使いをしなくてすむのだ。

また、現在レジ袋に代わって推奨されるエコバッグは、その多くがポリエステルを材料としている。ポリエステルは石油成分の中でも含有量が少ないＢＴＸ（ベンゼン、トルエン、キシレンの総称）という成分で作られているが、ＢＴＸは多くの製品で使われており、不足することはあっても余剰が出ることは滅多にない。

エコバッグの材料になるポリエステルと比べて、レジ袋のポリエチレンは大量にできるので、ポリエチレンでできたレジ袋を使って、ポリエステルを節約するほうが環境的にもいい。

レジ袋をやめてエコバッグを使うのは、有効利用できる余りものを捨ててしまって、大切な石油資源を無駄使いすることに他ならないのだ。しかしながら、レジ袋の大量生産、大量消費をしてもよいということではなく、見直していかなくてはならない。

「土に還る素材は自然に優しい」のウソ

プラスチックは腐らない。だからこそ人間はプラスチック製品をたくさん作って生活に役立ててきた。しかし、それをごみとして自然に捨てると、分解されずにいつまでも残ってしまい、環境を破壊することになる。

そこで、「自然界で分解されるプラスチックをつくろう」ということになった。

そして、微生物によって分解され、最終的に二酸化炭素と水になるという、環境に配慮したプラスチックの開発が進められ、「生分解性プラスチック」というものが誕生した。この生分解性プラスチックを農業用のビニールハウスなどに使ったあと、そのまま捨てると土に還る。だから環境に優しいというのだ。

だが、現実はそう簡単ではない。土の中にはいろいろなバクテリアがいる。生分解性プラスチックは、「生物の力で分解されるプラスチック」なので、土の中にいるバクテリアがプラスチックを食べて分解してくれる。見方を変えれば、生分解性プラスチックを捨てることで、それを好むバクテリアを育てていることになる。そのため、プラスチックを食べるバクテリアがどんどん増えてしまった。

それが作物に影響を与えないはずがない。作物が育つためには、それに適したバクテリアが必要だが、特定のバクテリアだけが増えてしまうと、土壌のバクテリアのバランスが崩れてしまう。

その結果、作物が病気にかかりやすくなったり、まったく育たなくなったりするという事態が起こった。「土に還るので環境に優しい」はずだったが、必ずしもそうではなかったのだ。

また、生分解性プラスチックのひとつに「酸化型生分解性プラスチック」がある。これは、従来の石油由来のプラスチック（たとえば、ポリエチレン、ポリプロピレン、ＰＥＴ）に、酸化を促進する添加剤を加えたものだ。

太陽光の紫外線や熱、酸素にさらされると、添加剤の働きでプラスチックの酸化反応がはやく起き、小さくバラバラになっていく。これを「酸化分解」という。この小さくなったプラスチックのかけらを、微生物に分解（生物分解）してもらおうというわけだ。

ところが、この酸化型生分解性プラスチックは、酸化分解の過程で急速に微細化して、膨大な数のマイクロプラスチックを生み出してしまう。この時の酸化分解のスピードが速いので、あたかも大きなプラスチック製品が急速になくなってしまったように見えるが、発生したマイクロプラスチックは、従来のマイクロプラスチックと何ら変わりはない。

このマイクロプラスチックは、海などの自然環境では、完全に生物分解されるのに数10年以上という非常に長い時間がかかり、環境の中に長く留まる。そのため、生態系に影響を与え続けることになりかねない。

最近では、トウモロコシから作った「ポリ乳酸」を原料としたエコバッグなども登場しているが、ポリ乳酸はこれまで人間が使ったことのない物質なので、土に還ったあとどうなるのかまだわからないところもある。

「環境に優しい」かどうか、もう少し見極めてからでないと結論は出せないということだ。

「スケート靴のエッジが細くなっている理由」にまつわる謎を言えますか

氷上を優雅に滑るフィギュアスケートでは、羽生結弦（はにゅうゆづる）選手をはじめ日本人アスリートが世界で活躍している。

ところで、なぜスケートは氷の上を滑れるのだろうか。

この疑問を解く説は古くからあり、1901年にイギリスのレイノルズが発表した「圧力融解説」は、スケートの刃と氷の接触面に強い圧力がかかると、氷が水となり接触面が滑りやすくなるというものである。

スケート靴のエッジを細くするほど狭い接着面に圧力がかかり、滑りやすくなるというものだ。

この説は一見理にかなっているようだが、マイナス30℃という超低温下でも滑れることから、水の潤滑という助けがなくても滑れることになる。

また、ソリに荷物を載せれば載せるほど圧力が増えるが、それによって滑りやすくなるということもなく、空荷のほうが滑りがいい。

また、リンクや湖沼に張る氷は、隙間だらけの分子構造で、そのために水が氷になると体積が増えるのでスカスカ状態である。スケートの刃と接触している部分も、実は網目の上に乗るような状態である。

「摩擦熱説」は、接触面積が広ければ摩擦も強く、面積が小さければ摩擦力が弱いことで、スケート靴のエッジを細くすると滑りやすくなるというものである。

これらの説は、現在ではほぼ否定されているが、スピードスケートなどは、これらの仮説を取り入れて進化してきた経緯もある。

最近では、氷の表面が滑りやすいのは「潤滑油」の役割をする水膜があるためという考え方が定着してきた。

冷凍庫から取り出した氷を机の上に置いておけば、ほんの少しでも氷が溶けるとスルスルと机の上を滑っていくのを体験したことがあるだろう。

氷が机の上を滑りやすくなったのは、氷と机の間に溶け出した時にできる水膜によって摩擦が弱まったのである。「擬似液体層」と呼ばれる水膜は、氷が溶けやすい0℃からマイナス4℃にできるといわれている。

氷の結晶が小さくなると、摩擦や外気の熱でさらに溶けやすくなり、水膜を発生させやすくなる。冬の路面では、凍った路面とタイヤの間に、水膜が発生することで滑るのである。

アイススケートとは真逆の発想で、タイヤメーカー各社が水膜除去性を上げようと技術開発をしている。氷上で車を滑りにくくするためには、この水膜を除去してタイヤのグリップ面をしっかりと氷に密着させることが大切で、スタッドレスタイヤの氷上性能はこの水膜を取り除くことにある。

スタッドレスタイヤのゴム内部に、気泡を含ませた発泡ゴムという技術を採用するメーカーもある。このタイヤはスポンジのような構造を持ち、気泡で水膜を除去するというもので、タイヤの表面は氷をしっかり捉えて滑りにくくなるのである。

「バナナの皮が滑りやすい」はコントだけの話ではなかった⁉

「イグ・ノーベル賞」は、「人々を笑わせ、考えさせてくれる研究」に贈られる賞だ。1991年に創設されて以来、毎年楽しい話題を提供してくれている。2014年(平成26年)の物理学賞は、北里大学衛生学部の馬渕清資(まぶちきよし)教授ら4人が受賞したが、そのテーマは、なんと漫画などでよくある「バナナの皮を踏むとなぜ滑りやすいのか」だった。

馬渕教授は、靴でさまざまな果物を踏んだ時と、一般の室内の床を踏んだ時の摩擦を比較研究した。バナナの皮を実験によって測定した結果、バナナの皮の上を歩いた時の摩擦係数は、通常と比べて6分の1しかないことを明らかにし、たしかに滑りやすいと証明した。このことが評価されての受賞である。

2ミリ厚のリンゴの皮と比較しても、バナナの皮の摩擦係数は半分しかないなど、他の果物よりもバナナの皮が滑りやすいことも証明している。さらに、バナナの皮の内側には、粘液が詰まった粒がたくさんあり、足で踏むとつぶれて滑る原因になることも発見した。

馬渕教授は、「イグ・ノーベル賞はノーベル賞の格調高さを求めません。漫画と純文学の差ですね。私は根が三枚目で、昔から努力とか勉強にあまり価値を感じません。イグ・ノーベル賞の方が体質に合いますね」と語っている。

そもそも馬渕教授は、約40年前から人工関節の研究を行っていたが、関節の摩擦が少ない仕組みと、バナナの皮の滑りやすい仕組みが同じではないかという考えにいたり、「関節の潤滑の仕組みは、バナナの皮を踏んだときの滑りのよさを連想させる」と報告した。

その後、バナナの皮が滑りやすいことを、学術的に示したデータがどこにもないことに気づき、自らバナナの皮を踏んでは摩擦係数の測定実験を繰り返し、バナナの皮は通常の床の上より6倍も滑りやすいことを実証したのだ。

馬渕教授は、「人工関節の滑りが悪いと、素材であるプラスチックなどがすり減って、患者に有害です。それを防ぐには、滑りをよくする必要があります。材料の開発だけでは限界があるので、私は体液に依存した仕組みを整えるべきと主張しています。バナナの皮が粘液で滑るという事実は、その主張を裏付けるものになりました」とも語っている。

バナナで滑って転ぶシーンは、チャップリン映画の時代から言葉の壁を越えた世界共通のギャグアイテムだ。これほどイグ・ノーベル賞にふさわしいものはない。

「お菓子の袋がパンパンにふくらんでいる」理由はかさ増しではなかった

ポテトチップスの誕生についてこんな話がある。

19世紀半ば、アメリカ・ニューヨーク州のリゾート地の、サラトガ・スプリングスにあるムーン・レーク・ロッジというレストランに、ジョージ・クラムという料理長がいた。

あるとき、店にやってきた客がフレンチフライ（フライドポテト）が厚すぎるとクレームをつけた。クラムは薄く切って揚げなおして客に出したが、客はそれでも厚すぎると言い、何度も作り直させた。

頭にきたクラムは、フォークで刺せないほど薄切りにして、カリカリに揚げたポテトを出した。クラムは客を困らせてやろうとしたのだが、客は「これはうまい」と絶賛し、見ていた他の客も注文したという。

この料理はすぐにサラトガ・チップスという名で、レストランの人気メニューとなった。ちなみにアメリカのフレンチフライは、イギリスではチップスといい、アメリカのポテトチップスは、イギリスではクリスプスという。

やがてアメリカではポテトチップスが大流行し、食料品店などで樽や瓶に入ったポテトチップスが売られるようになった。初期のころのポテトチップスはすぐに湿気てしまったが、1920年代に密封した小袋入りのポテトチップスが登場すると、鮮度が保たれるようになった。

ポテトチップスが、初めて日本に入ってきたのは、終戦直後の1945年（昭和20年）とされる。ハワイのメーカーが作った「フラ印」のポテトチップスが発売されたが、一般市民には手に入りにくい高級品だった。

日本製ポテトチップスが初めて販売されたのは1962年のことだ。「湖池屋」の「のり塩味」だった。現在では、カルビーのポテトチップスに、なんと320種類以上の味があるという。

ポテトチップスの袋はふくらんでいて中身はスカスカだ。空気を入れて多く入っているように見せようとしていると思っている人もいるだろうが、実はそうではない。

ポテトチップスの油が酸化して味や臭いが変わってしまうのを防ぐために、窒素を入れているのだ。袋に空気が入ると、食品が空気に触れて酸化し、味や臭いや色が変わってしまうことがあるので、わざわざ窒素を入れてふくらませているという。

また、窒素で袋をふくらませることで、ポテトチップスを割れにくくもしている。お菓子の袋がパンパンにふくらんでいるのにも理由がしっかりあるのだ。

「接着剤でくっつく理由」を知らずに使っていませんか

子どものころから工作などで、誰もが一度は接着剤を使ったことがあるだろう。

そもそも、この「接着剤」という言葉が使われたのは、大正時代からである。今村善次郎が獣脂（じゅうし）や骨から抽出した膠（にかわ）を主成分にした「セメダインA」を製造し、接着剤という名称を使ったのだ。「材」ではなく「剤」としたのは、今村の取引先が文房具店と薬局だったので、薬局でも売れるように考えたためだったという。

現在では、コマの回転を瞬時に止めたり、パワーショベルが鉄棒に接着されて懸垂したりというCMなどで強力な接着力を認識させており、外科手術のときの止血や傷口の接着もできる「瞬間接着剤」もある。この瞬間接着剤、子どもに「なぜ瞬時にくっつくのか」と聞かれたらしっかりと理由を言えるだろうか。

物が「接着」するということには、大きく三つのメカニズムがある。

一つ目は、「機械的結合」だ。材料の表面にある小さな孔(あな)や谷間に、液状の接着剤がしみ込み、固まることで接着することをいう。

二つ目は、「物理的相互作用」(ファンデルワールス力)だ。接着剤の分子と材料の分子を近づけたときに「引き合う力」(分子間力)が生じ、その力によって接着することをいう。ヤモリが垂直の壁から落ちないのもこの作用が働いているという。

三つ目は、「化学的相互作用」。これによる接着とは、原子間での化学結合である。例えば、水素分子H_2は、二つの水素原子Hが結合してできている。

さて、瞬間接着剤はなぜ瞬時に物と物を接着することができるのか。

これは瞬間接着剤の主成分「α－シアノアクリレート」が、水分に触れると一瞬にして固まる性質をもっているからだ。シアノアクリレートは液状の物質だが、空気中や、接着するモノに含まれるわずかな水分に反応して、急速に分子がチェーンのように連なって固体となる。つまり、水分に反応して一瞬にして固まるので、先にあげた三つのメカニズムのうち一つ目の「機械的結合」が起こり「瞬間で接着する」のだ。

「消せるボールペン」は、本当は消えていなかった!?

紙に文字などを書くというのは、鉛筆の場合は黒鉛を主体とする芯が削れて細かい粒になり、紙の上に付着しているのである。

この場合、紙表面の凹凸と関係し、コート紙などの表面がツルツルの用紙では、芯が滑って粉になりにくく、書きにくいのである。

黒鉛が紙に染み込むわけでなく、付着しているだけだから、紙を振れば黒鉛が落ちて書いた文字は消えてしまうと思われるが、実際にはそうはならない。

実は、鉛筆の黒鉛は紙表面の繊維に絡まっているのである。だから、粘着力が強い消しゴムのようなもので紙を擦ると、消しゴムのカスが黒鉛を付着させて文字が消えるのである。

また、ボールペンはペン先に内蔵された小さな鋼球が運筆とともに回転し、ボールの裏側にある細い管に収められたインクが筆先に送られて文字や線を描くことができる。

インクに粘性のある油性インクを使用しているものは、基本的に消すことができないため公的書類にも用いられる。

従来のボールペンでは、書き損じをするなどという不都合を生じることがあるため、２００６年にパイロットコーポレーションが、ペンの後ろのラバーで擦ることで消すことができるボールペンを発売し話題になった。消すことができないとしていたボールペンの固定概念をくつがえしたのである。

このボールペンは、なぜインクが消えるのだろうか。

結論から言うと、「熱で透明になるインク」を使っているからである。このボールペンのインクは、熱により色が変わる特殊なインクを使用しており、ペンの後ろについているラバーで擦って、摩擦熱が65度以上になるとインクは無色となり、消えたように見えるのだ。

ヘアドライヤーの熱や、真夏に車内のダッシュボードに書類を入れておくことでも、文字を消すことになり、また公的な書類での使用は不可である。

鉛筆では紙の繊維に絡んだ黒鉛を取り除いていたが、このボールペンはインク自体が消滅したわけではない。そのため、マイナス20度まで冷やすと、再度発色させることができるのだ。

「1割引きと10％還元は同じ」と思っていたらソンをする！

今では、ほとんどの家電量販店やスーパーなどに「ポイントカード」があって、購入金額の1～2％を還元している。期間限定や商品によっては「10％ポイント還元」をすることもある。

この「10％ポイント還元」と、「1割引」（10％ＯＦＦ）は、どちらの方が割引率が高いのだろうか。

例えば10万円のものを買うとしよう。「1割引」（10％ＯＦＦ）で買った場合は、9万円で買うことになる。つまり、9万円で10万円の価値のものを手に入れたのだ。

一方、「10％ポイント還元」の場合は、10万円の買い物に1万円分のポイントがつく。そのため、払った金額は10万円で、手に入れたものは10万円の商品と1万円分のポイントなので、10万円＋1万円＝11万円分の価値にあたるものを手に入れたということになる。

整理すると、「1割引」の場合は9万円で10万円の価値を得て、「10%ポイント還元」の場合は10万円で11万円の価値を得る。

ここで、どれだけ割引されているのか「割引率」を計算すると、図のようになり、一目瞭然だ。

「1割引」＝10%、「10%ポイント還元」＝約9・1%。比較すると、割引率が高い「1割引」の方がお得だと言えるのだ。

ポイント還元率	割引率
1%	0.990%
2%	1.961%
3%	2.913%
4%	3.846%
5%	4.762%
6%	5.660%
7%	6.542%
8%	7.407%
9%	8.257%
10%	9.091%

同じ商品をA店では1割引き、B店では10%ポイント還元で売っていたとすれば、A店で買った方がいいということだが、そこまで考えて買う人は少ないかもしれない。

2章

生きものの残念な常識

「セミは1週間しか生きられない」は、大きな誤解

俳人の松尾芭蕉（まつおばしょう）は「閑（しず）かさや　岩にしみ入る　蝉（せみ）の声」と詠み、セミの鳴き声は夏の風物詩となっている。夏の暑さと重ねて耳をつんざく鳴き声に「うるさい！」という声も聞こえてくるが……。

さて、日本人は「セミは地上に出てから1週間しか生きられない」として、セミの一生は儚（はかな）いと思われがちだ。しかし、実際にセミはそんなに短命なのだろうか。

そもそも、セミは幼虫が地中で過ごす期間は、アブラゼミは2～5年、ツクツクボウシが1～2年、クマゼミで4～5年とされている。

例えば、カブトムシは、卵から成虫になり死ぬまでおよそ1年の寿命であるのに対して、セミは長命なのだ。北アメリカにはジュウシチネンゼミという、17年間も土中で過ごす長寿のセミまでいる。

セミの幼虫は、土の中で木の根から栄養分を吸って生きているが、栄養豊富な木の下で暮らしている幼虫は、十分に栄養を摂取することができて早く成虫になる。一方、運悪く栄養分があまり豊富でない木に当たってしまった幼虫は、成虫になるのに時間がかかる。

地中で成長した幼虫は、気温が上がった晴れた夜に地上に出て、羽化して成虫になる。夜に羽化するのは外敵に襲われないためだ。羽化したセミは、朝までに羽を乾かして飛べるようになる。

セミが地上に出るのは繁殖のためで、成虫となったオスは2～3日で成熟し、メスを呼ぶために大音量で鳴くようになり、声に誘われてやってきたメスと交尾をする。交尾したメスは、数日後に木の枯れ枝などに産卵し、役目を終えて死んでしまう。

この間に襲われたりしなければ、3週間から1カ月ほど生きていることがわかっている。

それなのに、1週間の寿命という俗説が広まったのはなぜか。その理由の一つにセミの飼育が難しいことがあげられる。捕獲されたセミは、樹液を吸うことができずに、数日間で餓死してしまうことから、セミは短命だと言われるようになったのだ。

「海から川に上るサケ」は、なぜ海水でも淡水でも生きられるかわかりますか

北海道や東北地方では、秋になると産卵のために自分の生まれた川に戻ってくるサケを「秋味（あきあじ）」として親しまれている。一心不乱に川を遡上（そじょう）するサケの群れで、川が真っ黒になる映像は、秋の風物詩でもある。

サケは川で生まれ、3～4年をかけてオホーツク海、ベーリング海、アラスカ湾をめぐる長旅を終え、再び自分の生まれた川に戻って産卵する。つまり、淡水↓海水↓淡水と生活環境を大きく変えて、その一生を終えていく。

通常、淡水魚の場合、体液よりも3倍ほども濃度の高い海水中では死んでしまうのだが、サケはなぜ生きていくことができるのだろうか。

もともと魚類は、水に溶けている酸素を効率よく取り込むための呼吸器官として、エラを持っているが、淡水魚と海水魚では「浸透圧調節」機能が大きく異なっている。

淡水魚の場合は、体液の塩分が周囲の水より高く、水を飲まずに浸透作用によって体全体で水を吸収し、エラ・腎臓で塩分を回収して尿で大量に排出する。

一方、体液の塩分が周囲の水より低い海水魚の場合は、水を飲んで腸で吸収し、余分な塩分をエラから排出している。

これをサケに当てはめてみると、孵化したばかりの稚魚は海水に適応する能力を持たないが、成長していくと海水に適応できるようになる。体が銀色に成長した稚魚を海水に移すと、水を飲む量が数倍になったという実験結果もある。

サケは大量に海水を飲み、余分な塩類はエラにある「塩類細胞」という細胞で排出しており、体液より低濃度の尿をちょっとだけ排出するのである。

つまり、サケは水の環境が変わっても、エラに浸透圧調節をする働きがあり、体内の塩分濃度が変わらないため、海水でも淡水でも生きられるのだ。

この機能は、ウナギなど両領域を行き来する生き物には特に重要なもので、サケなどは河口などの水域で塩分濃度の変化を察知し、しばらくその場に留まって体のシステムを変化させてから遡上を開始するようだ。

もう一つ、サケはなぜ生まれた川に戻ってこれるのかという疑問もある。このメカニズムは完全には解明されていないが、研究者の間で注目されているのが「嗅覚刷り込み説」である。

川の匂いの記憶を頼りに帰ってくるという説で、「その川特有のアミノ酸成分」を嗅ぎ分けているらしい。実験で鼻を塞がれたサケが、生まれた川に戻れなかったという結果も出ている。

子どもの頃の遠い記憶が、望郷の念を駆り立てるという思いは、人間よりもサケの方が強いのかもしれない。

「10日間も飛行する渡り鳥」は眠りながら飛んでいた!?

渡り鳥は数千キロから数万キロ、ときには地球の半周分くらいの長距離を、何日間も飛び続けている。その間、睡眠はどうしているのだろうかと心配になるが、これまでの研究では、渡り鳥は脳の半分を休ませ、残り半分を活動させることができるので、交互に半分ずつ眠っているのだろうと推測されていた。これを「半球睡眠」と呼ぶ。

ところが、ドイツのマックス・プランク研究所が、2016年8月にイギリスの科学誌「ネイチャー・コミュニケーションズ」に研究を発表し、実は、しっかり熟睡しながら飛んでいることを明らかにした。

この研究では、ガラパゴス諸島に生息する大型の渡り鳥であるグンカンドリの頭部に、脳波を測定できる小さな機器を付け、最長10日間の飛行をしている最中の睡眠脳波を測定したのである。

グンカンドリの飛行中に、無線で送られてくる脳波を調べると、日中は覚醒状態で飛んでいるが、日が沈むと脳波に変化が見られ、数分寝ては10分くらい目覚めるというパターンを繰り返し、ときどき深い眠りである「徐波睡眠」に入ることがわかった。


睡眠を大きく分けると、眠りが浅い「レム睡眠」と、眠りが深い「ノンレム睡眠」がある。「ノンレム睡眠」は眠りの深さによって、ステージ1からステージ4までの4段階があり、そのうち特に熟睡度が高いステージ3~4では、独特の大きく緩やかな脳波が現れるため「徐波睡眠」と呼ばれる。

グンカンドリの「徐波睡眠」は最長で数分間続き、しかも、脳の半球ではなく、脳全体に見られたという。そして、グンカンドリは3000キロメートルもの距離を、休むことなく飛び続けたという。

つまり、グンカンドリは、短い時間だが完全に熟睡しながら飛ぶことを繰り返し、その熟睡期間中は、飛行機のように「自動飛行モード」に入っているのだろう。翼を拡げると2メートル以上にもなるオオグンカンドリは、大型鳥のわりに体重が軽く、あまり羽ばたかなくても滑空で飛べるようだ。

グンカンドリは地上では9時間以上も眠るが、渡りの最中は1日に40分ほどしか眠っていない。ツバメのように空中で餌を食べながら渡れる鳥は少数派とされ、渡り鳥の中には、居眠り飛行しているのか、急降下してしまう鳥もいるようだ。

鳥の渡り行動は本能からのものだが、ほとんど飲まず食わずで渡りを成功する鳥もいる。また、幼鳥などは群れからはぐれ、力が尽きて海に落ちてしまうのだ。

「激しく木をつつくキツツキ」は、なぜ脳障害を起こさないか

コツコツと木をつついているキツツキは、そもそもなぜ、木をつついているのか。

それは、木の中に潜む虫が驚いて出てくるのを捕まえるため、くちばしを木に打ち付けているとされていたが、そうではなかった。

実は、木をつついて、くちばしで触診するように木の中に潜む虫を見つけ出していたのだ。そして、先がブラシ状になっている長い舌で、木の割れ目や小さな穴に潜む獲物を捕らえているのである。また、求愛行動や縄張り誇示、巣作りなどでも木をつついているとされる。

キツツキは毎秒18～22回の速さで、1日に500～600回も木にくちばしをたたきつけている。人間なら脳震盪（のうしんとう）になること間違いなしだが、そんなに打ちつけてキツツキは脳にダメージを受けていないのだろうか。

例えば、人間の脳は脳脊髄液（のうせきずいえき）という液体の中に浮かんでいて、衝撃を受けると激しく揺れる構造だが、実は、キツツキには耐衝撃メカニズムがあるという。

日本のキツツキの脳は0・1～0・5グラムと非常に小さく、その脳は頭蓋骨に隙間なくピタリと収まっているので揺れないようになっている。その上、頭蓋骨の前方の一部の骨はスポンジ状になっていてこれが衝撃を吸収しているのだ。

キツツキが木をつついたときにかかる衝撃は、頭蓋骨の周りに分散されて、底部と後部の頑丈な骨に伝わり、脳に圧力がかかるのを防いでいたのだ。

また、くちばしの形状は、根元が太く先が平らで彫刻道具の「のみ」のような形になっている。この形状が衝撃波を脳より後ろの首の方へ逃がす構造になっているという。さらに、舌の延長上のような舌骨が、あごから頭部の後ろをまわって鼻孔につながっている。これがショックをやわらげる役割を果たしているのである。その上、両足の鋭い爪と堅い尾の3点確保でしっかりと姿勢を固定し、体をしならせて垂直に木をつついているのだ。

衝撃に耐えるキツツキ脳のボクサーがいたら、強烈なアッパーカットを受けても、

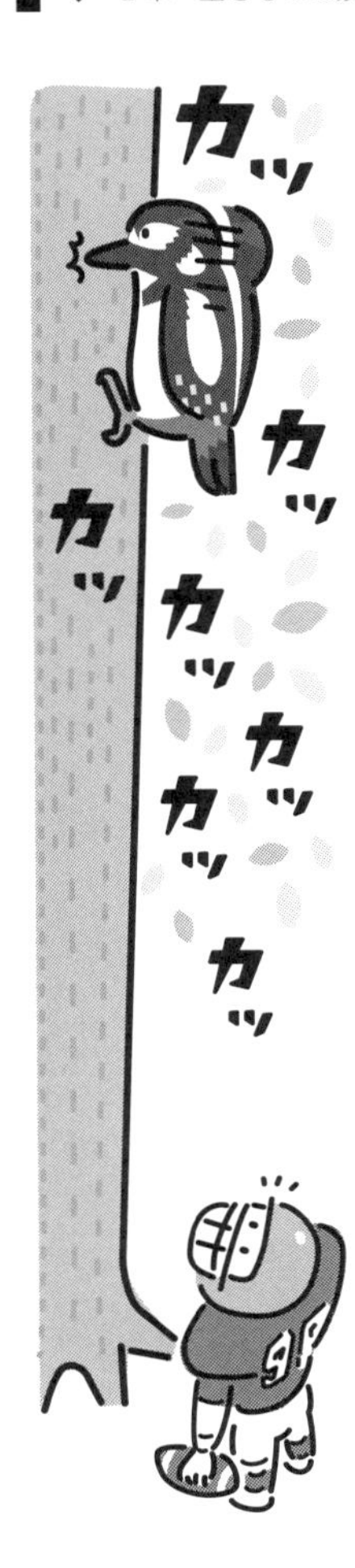

そう簡単にダウンしないだろう。実は、脳震盪を起こしやすいアメフトでは、選手のヘルメットをデザインする上でこれらのことが役立てられないかと模索しているようだ。

「首を270度回転させるフクロウ」は、なぜ首を痛めない？

鳥類はよく首を回すことができ、インコも首を回して後ろの羽の手入れをしていたり、白鳥は長い首を後ろに倒して寝ている。

鳥類の首が回る理由は「頸椎(けいつい)」の骨の数にある。ほとんどの哺乳類は頸椎の骨が7個で、首の長いキリンも同じだが、鳥類は骨が多く、首を一回転するように回しているフクロウの仲間は14個もあるという。骨の数が多いとそれだけ首を柔軟に動かすことができるのだ。

多くの鳥の目は横に付いているので、視界が広く後ろまで見えるが、フクロウの目は人間と同じように顔の正面に付いている。そのため、両目で物を見ると立体的に見え、距離も正確に分かるのだ。しかし、横や後ろは見えない。

フクロウが他の鳥と比べてよく首を動かすのは、ネズミなどを捕らえるために両目でしっかり見る必要があるからだ。視界が狭いために首を大きく動かして周囲を見ているのだ。

そもそも、鳥類は人間のように、あまり眼球を動かせず、特にフクロウの仲間は、頑丈な頭骨に眼球が固定されていて、眼球だけを素早く動かすことができない。黒い目玉が同じ場所に固定されたままだから、目ではなく首を丸ごと動かしているのだ。

それにしても、フクロウは首を270度も回転させて血管を傷めないのだろうか。アメリカのジョンズ・ホプキンス大学の医学チームがこの謎を突き止め、科学誌『サイエンス』に発表した。研究チームは、自然死した複数種のフクロウの骨格と血管構造をX線画像で調べたところ、ちょうどあごの骨の下あたりの血管が、血液を溜める袋のようになっているという。

人間の場合、血管はむしろ収縮しがちだが、フクロウはこの「貯蔵袋」に血液を溜め、頭を回転させても脳や目の機能に必要な血流を確保できるようだ。さらに、補助的な血管網が血流の妨げを最小限にとどめているというのだ。

「血液型があるのは動物だけ」ではなく、植物にもあった

日本人は血液型占いが好きで、「○○さんはO型だから△△だよね」とよく聞く。でも、血液型は人間だけにあるものではなく、動物にも血液型があって、魚はA型、亀はみんなB型、チンパンジーは人間と同じA・B・O・AB型があるという。

いわゆる「ABO式の血液型」というのは、体内の「抗原(こうげん)(化学物質)」の有無によって決まる。よく「免疫(抗体)がある」というのは、これらが抗原に働きかけて分解するための物質であるのだ。血液型に関する抗原(血液型物質)にはAとBがあって、血液中にどちらか片方があればA型かB型、両方あればAB型、どちらもなければO型の血液型になる。

さらに、植物は血液はないのだが、植物にも血液型がある。約1割の植物に人間と同じA・B・O・AB型の血液型に類似した物質が見つかっている。

そもそも、最初に抗原が発見されたのが血液中だったため、血液型と呼ばれているのに過ぎず、実際には血液中だけでなく、あらゆる体液にこれらの抗原が含まれている。植物のように血液がなくても血液型類似物質があれば、血液型的な分類は可能である。

人間など動物の血液型を調べるには、採取した血液に特殊な血清を混ぜ、その反応で判別するが、植物でも血清に反応を示すものがある。植物をすり潰した液体には「糖タンパク」と呼ばれる血液型類似物質が含まれ、これを検査すれば血液型がわかるのである。すべての植物がこの糖タンパクを持っているわけではなく、全植物の10％の植物が持っている特殊な成分である。

具体的に、どんな植物に血液型があるのか。A型の植物は、アオキ、キブシ、ヒサカキ。B型の植物は、アセビ、イヌツゲ、セロリ。O型の植物は、ツバキ、ダイコン、サザンカ、ブドウがあり、AB型の植物は、バラ、スモモ、コンブといった具合で、O型が8割、次いでAB型が多いそうで、A型とB型はまれなようだ。

「恐竜は絶滅した」とは、はっきり言えなくなってきた

「約6600万年前、小惑星が地球に衝突して、恐竜は絶滅した」と、教えられてきたが、今、この〝定説〟が揺らぎつつある。

小惑星が衝突して、地球上の生物の多くが絶滅したが、その余波で森林火災が発生して、樹上性の鳥類が絶滅した。一方で、シダ類が繁茂していた地層が残っていることから、ニワトリ、カモ、ダチョウといった地上性の鳥類が生き延びたのではないかという仮説が出てきたのだ。

また、現在の鳥類の多くは、一般的に繁殖力が強く、数日から数週間で卵から孵化するので、苛酷な環境の下でも子孫を残すことができたという説もある。

さて、獣脚類(じゅうきゃくるい)と呼ばれる二足歩行の肉食恐竜と鳥類の類似性が近年、学界では指摘されるようになってきたという。すでに1800年代から、恐竜の足跡や骨格が鳥類に似ていることが指摘されてはいた。次に注目されたのが「始祖鳥」である。鳥の祖先と言われる始祖鳥は、カラスほどの大きさで、鋭い歯、かぎ爪のある3本の指、骨のある長い尾などが、獣脚類と共通性があることがわかってきた。

その後、体が羽毛におおわれた、鳥の仲間とみられる恐竜が次々と発見され、1996年には、中国で羽毛におおわれた獣脚類の恐竜の化石が見つかったことが報告された。

また、2014年、シベリアの約1億6000万年前の地層から、二足歩行でくちばしのある、全長1・5メートルの鳥盤類(ちょうばんるい)の恐竜の化石が発見された。

この発見により、羽毛が生えていたと考えられる恐竜の種類は大幅に増え、は虫類のウロコが羽毛へと進化した可能性も出てきた。

つまり、絶滅しなかった恐竜が、激変した地球環境に適応して、鳥類として生き延びたと言える可能性が高く、鳥は恐竜の生き残りと、断定する研究者もいるのだ。映画「ジュラシック・パーク」では、肉食恐竜が画面いっぱいに躍動しているが、この恐竜がふさふさした羽毛を身にまとっていたら……。大ヒットにならなかったかもしれない。

3章

人間の残念な常識

「年を重ねると脳は衰える」と言うのは、もう昔の話

「三つ子の魂百まで」ということわざは、3歳ごろに形成された性質・性格は歳をとっても変わらないという意味だ。正確に3歳まででではないにしても、幼児期に人格の基本ができあがるということは、科学的にも証明されている。

最新の研究によって、人間の脳は、妊娠3カ月から6カ月の時点で細胞の数が最大になることがわかっている。胎児の間に作られた脳の細胞は、生まれた時にはすでに細胞分裂を終えているのだ。この脳の神経細胞は、生後3歳くらいまでの期間に急速に発達し、6歳までに大人の脳サイズの90～95％に成長する。

しかし、勘違いしてはいけない。脳の成長が幼児期で止まってしまうわけではないのだ。

脳の成長は6歳から12歳にかけて加速され、細胞間の連結が密になる。成長のピークは男子で11歳、女子で12歳半ともいわれるが、脳の重さのピークは女性が16歳で1300グラム、男性は18歳で1450グラム。

それ以降は横ばいになり、70～80歳では約100グラム減っている。16～18歳以降は脳の中の水分を減らしつつ、脳細胞がネットワークを形成していく。

脳の神経細胞は、成長にあわせて数が増えるのではなく、つながることで成長していく。この神経細胞同士のジョイント部分を「シナプス」という。このシナプスが神経細胞同士の信号の受け渡しをする。

1歳までは、特に脳の発達が目覚しい時期で、例えば視覚をつかさどる第一次視覚野という部分のシナプス量は、生後2カ月ぐらいで一気に増え、8カ月で一生の最大数に達する。

このように、脳はシナプスが増えることでネットワークを発達させていく。ネットワークはその人の脳が経験したり使ったりした分だけ形成されるので、新しい経験を重ねて脳を使うことが大切だ。

つまり、人間は年を重ねていくごとに脳細胞の数は減少していくが、「年を取るにつれて脳は衰えていく」というのは間違いだ。

脳細胞の減少と反比例して、脳内では体を形づくる上で欠かすことのできない栄養成分のアミノ酸などの物質が増えていく。脳細胞は数こそ少なくなっても、栄養が供給される限り、その成長を止めることはないし、さまざまな経験や学習を通じて、脳内の細胞間のつながりは増えていく。

新しいことに挑戦し続ければ、生涯にわたって脳は成長するのだ。

「勉強して脳のシワを増やせ！」って言う人は勉強不足だった

「頭のいい人は、脳のシワが多い」とよくいわれるが、イルカの脳は人間よりはるかにシワが多く、複雑な構造をしている。そうすると、イルカは人間より頭がいいということなのだろうか。

脳のうち大脳の表面の3ミリほどの厚さの部分は「大脳皮質」と呼ばれ、神経細胞が多く集まり思考などの高次な脳機能を担当している。人間の頭の大きさは限られているので、大脳皮質を大きくしようとすると脳の表面積を大きくしなければならない。そこでシワを作って折り込み、表面積を広げているのだ。つまり、脳のシワは、新聞紙を丸めて小さな箱に入れているようなものだ。

このシワは、母親のお腹の中にいる胎児の時に、大脳が大きくなるにつれて形成される。妊娠2カ月以降には、初期の脳である「脳胞（のうほう）」の深部で細胞が盛んに分裂や増殖をし、生まれた神経細胞が脳表面に向かって移動する。それとともに大脳は大きく厚くなる。このとき大脳の表面積も増えてシワができ、脳の大まかな形ができあがる。

つまり脳のシワは、生まれた段階で既にできあがっているのだ。「少しは勉強して脳のシワを増やせ」といわれた人がいるかもしれないが、勉強すればシワの数が増えるというものではなかったのだ。

現在の研究では、脳の「ニューロン」と呼ばれる神経細胞が、さまざまな刺激を受けると信号を発生し、神経細胞同士のジョイント部分である「シナプス」が化学物質を出して、別の細胞に信号を伝達することがわかっている。

この脳内の神経回路の情報処理能力が知能だといわれる。知能指数は、神経回路が処理できる情報量に密接に関係しており、処理できる情報量は、ニューロンの数やシナプスの数などと密接に関係している。

知能とは、神経回路が処理できる情報量だということになる。

その仕組みには、まだ不明な点が多いが、脳の力を決めるのは、シワではなく神経細胞の回路だといってよいだろう。

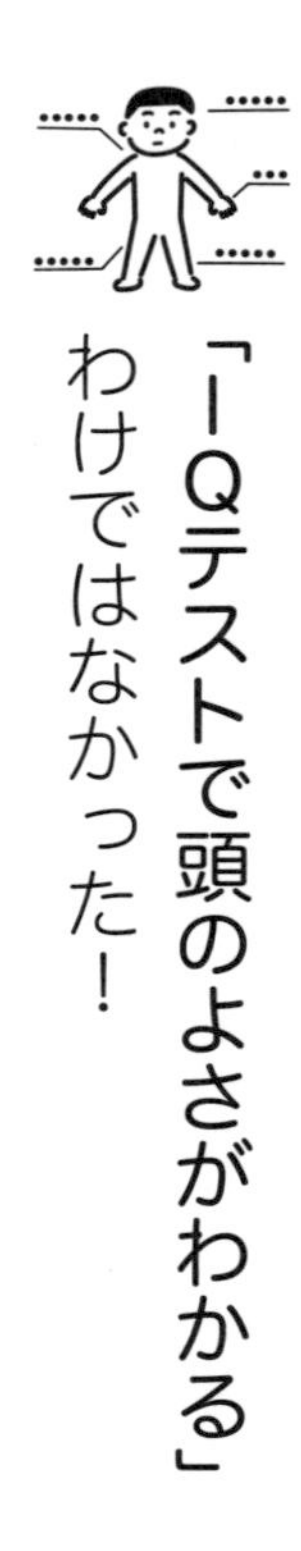

「ＩＱテストで頭のよさがわかる」わけではなかった！

ゲーテやレオナルド・ダ・ヴィンチなど、歴史上の有名人のＩＱを測定し、リストを作ったリブ・ティムズというアメリカの電気化学エンジニアがいる。

もちろん推定で、一種のお遊びと見ていいが、それによるとアインシュタインのIQは160～220で、ゲーテに次いで2位となっている。

アインシュタインの知能の高さを疑う人はいないが、彼は高校を卒業するまで成績の悪い学生だった。それは、質問に答えるのが遅かったからだ。知識を丸暗記させる当時の教育は、じっくり考えて確実な答えを出そうとするアインシュタインの頭脳には合わなかったのだ。

このときに、アインシュタインがIQテストを受けたとしても、それほど高い点は取れなかっただろう。なぜなら、IQテストのほとんどは答えを出すのにかかる時間も評価される。すべての質問に正しく答えられても、時間がかかればIQ指数は落ちてしまうからだ。現在のIQテストでは、アインシュタインの知能を測ることはできないのだ。

IQテストとは、知的発達に遅れが見られる子どもを見つけるために開発されたものだった。フランスの心理学者アルフレッド・ビネとセオドア・シモンが、文部大臣の委嘱を受けて、「ビネ・シモン知能尺度」を完成させ、1908年には改訂版知能検査を作成した、このとき「精神年齢」という考え方が導入されたという。

このテストは、ウィリアム・スターンによってさらに改良され、子どもたちの精神年齢を実年齢と比較して、知能指数「IQ」（Intelligence Quotient）と名づけた。

この指数は、「精神年齢÷実年齢×100」で表わされる。精神年齢と実年齢が一致していればIQは100だが、実年齢が10歳で精神年齢が5歳ならIQは50である。子どもの精神年齢を測るためのテストなので、ある程度精神的に成熟した年齢（およそ15歳）に達すると、IQテストを施す意味はほとんどなくなってしまう。要するに、子どもの知能を測定するために作成されたIQテストで高得点を取ることが、そのまま「頭がよい」ということにはならないのである。

最近では、同年齢集団内での位置を基準としたDIQ（偏差知能指数）が登場し、従来のIQにとって代わろうとしている。これは入学試験合否予想システムの偏差値と同じで、中央値と標準偏差で算出される。

そもそも「知能」が何かという疑問も出てくる。アルフレッド・ビネの定義によると、知能とは「判断力・理解力・批判力・方向づけ・工夫する力」などの総合力ということになっているが、多くの反論もあり、「知能」に対する明確な定義づけはいまだになされていない。

ＩＱテストでは「環境への適応力、基本的な精神能力、推理、問題解決、決断」などが計測できるだけで、それと「知能」との関係が証明できない以上、ＩＱテストの結果が「頭のよさ」に直結すると結論づけることはできない。

したがって、ＩＱテストで高得点が取れなかったとしても、頭が悪いなどと落ち込まない方がいい。

「芸術家タイプは右脳人間」ってもう口にしてはいけない

創造的な芸術家タイプの「右脳人間」と、論理的で分析に長けた「左脳人間」という俗論をいまだに信じている人が多い。しかし、これまで左脳と右脳の一方が優勢になるという事実を証明した研究はない。

「右脳人間」「左脳人間」という言葉は、1981年にノーベル生理学賞を受賞したロジャー・スペリーの発言がもとになって生まれたとされる。スペリー自身も、自分の研究を発表するにあたって、「短絡的に考えるのは危険である」という断り書きをつけている。

脳の治療では、患者の病状を回復させるため、右脳と左脳をつなぐ脳梁(のうりょう)の一部を切断することがある。右脳と左脳がネットワークを失った状態を「分離脳」というが、スペリーはこの分離脳を研究して右脳と左脳の秘密を解明しようと考え、実験を行った。

脳は、右の視野の情報を左脳で、左の視野の情報を右脳で処理しており、右脳と左脳をつなぐ脳梁が、それぞれの情報を交換することで、混乱に陥らずにすんでいる。だが、脳梁を切断された患者たちは、左半分の視野では何を見ているのかわからなかった。言語をつかさどる機能は左脳にしかないので、右脳で得た情報は、脳梁を通して左脳に送られなければ、言語化できずに消えてしまうのだ。

しかし、この脳の分離実験から、左脳と右脳をつなぐネットワークを失った脳でも、それぞれの脳が独立して働いており、また、それぞれ異なる機能をつかさどっていることがわかった。

だからといって、それがそのまま右脳人間、左脳人間になることにはならないのだが、この説は、さまざまな拡大解釈を生み、いつしか「左脳は論理的で、右脳は芸術的」という迷信が広まってしまった。

この迷信に対して、２０１３年にユタ大学で7～29歳の被験者１０１１名の脳をスキャンする研究が行われた。これは、安静状態の被験者の脳内の血流を調べる実験で、子供、大人、男女と、さまざまな人を調査することで右脳人間、左脳人間というものが本当に存在するのか、徹底的に調べるものであった。

ジェフ・アンダーソン博士は、研究結果を科学雑誌『プロス・ワン』に発表しているが、それによると「言語機能が左脳、注意機能が右脳に分かれていることは事実だが、どちらか片側の脳内ネットワークが優勢に使われている事実はなく、左右の脳の使用量に偏り（かたよ）が見られるといった例はなかった」という。

脳は情報処理に当たって、どこか一つの領域だけを使用するわけではなく、さまざまな領域と連携して処理に当たっている。その際にメインで働いている領域があり、たとえば言語処理には主として左脳が使われるが、その際にも右脳と連携して処理に当たっている。

ということで、「右脳人間」「左脳人間」という言葉に振り回されるのは、意味のないことである。

「モーツァルトの音楽を聴くと頭が良くなる」の真相を知っていますか

「モーツァルトの音楽を聴くと頭が良くなる」という話は、1990年の初め頃から世界的に広まった。クラシック音楽に限らず、ロックやジャズ、演歌など、音楽は人の心に感動を呼び起こす。しかし、音楽が頭をよくするという科学的根拠はあるのだろうか。

いわゆる「モーツァルト効果」を最初に唱えたのは、フランスの耳鼻咽喉科医、アルフレッド・トマティス博士だとされる。1991年、トマティス博士は、特定の音楽は特定の症状に効き目があると主張し、中でもモーツァルトの音楽には気分を明るくし、目の前の課題への集中力を高める効果があると説いた。

2年後に、カリフォルニア大学のフランシス・ラウシャー博士とゴードン・ショー博士の2人によって、トマティス博士の「モーツァルト効果」を観測する実験が行われた。

実験の内容は、36人の大学生を10分間、次の3つの状況においた。

①モーツァルトの「2台のピアノのためのソナタ・ニ長調・K・448」を聴かせる。

②リラクゼーション用のテープを聴かせる。

③静かなところで待機する。

その後、空間認知やパターン分析に関するIQテストを受けさせ、点数を比較するというものだった。

この実験で、モーツァルトを聴かせてから問題を解かせたグループの方が好成績を収めるという結果を得た。博士たちはそのグループの被験者たちの空間認識力が高まったことから「脳のある部分には特定の周波数に反応する分野が存在していたらしい」と科学雑誌『ネイチャー』に発表した。

この実験は、被験者それぞれの知能を調査したものではなく、またモーツァルト以外の音楽では、どのような結果をもたらすかなどについては言及していない。

ラウシャーの論文は、これからの展望として「ＩＱ上昇効果はモーツァルトの曲でしか起こらないのか、音楽の鑑賞時間として適切な時間はどれくらいなのか、空間認知だけでなく言語や短期記憶といった一般のＩＱも向上するかを調べたい」としている。つまり、これまではそこまでの実験はしていないということだ。

ここからわかるのは、「ある種の音楽が、人間の脳をリラックスさせ、それによって、機能を向上させることもある」というだけのことだ。それにもかかわらずマスコミは「モーツァルトを聴いた子どもは賢くなる」と大々的に報じ、時が経つにつれて、「モーツァルトを聴くと頭が良くなる」という迷信が生まれてしまった。

博士たちは、自分たちの実験が誤解されており、モーツァルトを聴けば賢くなるわけではないと訴えたが、この訴えが広まるには時間がかかった。しかもそこから、

「胎児にモーツァルトを聴かせると、頭のよい子が生まれる」というさらに新しい神話が生まれた。

トマティス博士の下で研究していたドン・キャンベル博士が、1996年に「モーツァルト効果」の商標登録をし、それに関する著作を発表すると、これが大ベストセラーとなった。1998年にはジョージア州とテネシー州の知事が、すべての新生児にクラシックのCDを送る予算を確保するまでに至った。

このことから、何百万人もの妊婦がその効果を信じ、お腹の子どもにモーツァルトを聴かせる胎教をするようになった。

その後も、この学説を証明したり、あるいは否定するための実験が繰り返されたが、2007年にドイツ教育省は、さまざまな実験結果を総合した結果「モーツァルト効果は存在しない」とする研究結果を発表した。

しかし、モーツァルトの音楽を聴いて心地よくなることは事実で、モーツァルト神話は今後も続いていくだろう。胎教用のモーツァルトのCDは今でも人気商品だ。

「人類は猿から進化した」と誤解していませんか

イギリスのチャールズ・ダーウィンの「進化論」ほど、誤解されて伝わっているものはない。

数え切れないほど多くの人が、ダーウィンの『種の起源』を読まずに、「人類は猿から進化した」と思い込んでいるのだ。

ダーウィンは『種の起源』の中で「人類は猿から進化した」とは一言も言っていない。彼ばかりでなく、後世の学者もそんなことは言っていない。それなのに、どうして「人類は猿から進化した」などという妄説が流布したのだろうか。

自然科学者のダーウィンは、1831年から1836年にかけてビーグル号で世界一周の航海をした。彼は寄港先の各地でさまざまな動植物を観察し、帰国後に集

めた標本を研究する中で「神が万物を創造した」という当時の世界観ではどうしても説明できない事実につきあたった。

ダーウィンは「生物が長い時間をかけて徐々に進化してきた」とすれば、さまざまな現象がうまく説明できると考え、20年にわたって自分の考えをノートに書き続けた。その集大成が『種の起源』だ。

彼が『種の起源』で論じた生命観は、すべての生物は「生命の樹」といわれる一つの巨大な連鎖でつながっており、人間もその一部にすぎないというものだった。

ダーウィンが論じているのは、「猿と人間には共通の祖先がいる。猿と人間はその祖先から枝分かれしてそれぞれに進化した」ということだ。

それなのに、なぜ「ダーウィンは、人は猿から進化したと言った」という大ウソが定着してしまったのか。


当時は人類学が未発展だったため、ダーウィンの提唱した理論を曲解して、人類の系譜を直線的に描いたイラストが数多く登場した。一番下の猿から、階段を一段登るごとに現人類に近づく絵や、直立するにつれて体毛がなくなり、現代人の姿に近くなっていく絵などが残っている。

視覚に訴える情報は強く印象に残るため、これらの図によって「人は猿から進化した」という誤った情報が定着してしまったともいえる。

キリスト教徒の中には、現在でも聖書の記述を史実だと信じ、「人間は神が創造した」と主張する人が少なからずいる。彼らは『種の起源』を読まないで、「人類が猿から進化したはずがない」とダーウィンを責め立てた。

当時のマスコミも、『種の起源』を「人類は猿から進化した」論だと決めつけて報道した。これに著作を読まない人々が呼応して声をあげたため、いつしか誤った常識が定着してしまったのである。

創造論者は現代でもダーウィンと進化論を攻撃し続けているが、いまどき「人類は猿から進化した」と言ったら、笑われることは確実だ。

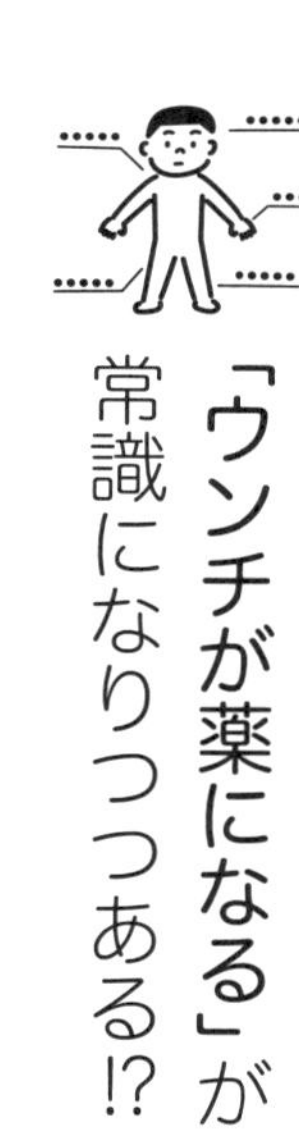

「ウンチが薬になる」が常識になりつつある!?

平安時代中期に源順（みなもとのしたごう）が編纂した漢和辞書に『倭名類聚抄（わみょうるいじゅしょう）』がある。その中に、死者をも蘇（よみがえ）らせるという薬の名が記されている。

便（ウンチ）を乾燥させ、粉末にして煎（せん）じたもので、棺に入れた死者が棺を破って生き返るほど強い効き目があることから、その名も「破棺湯（はかんとう）」という。気付け薬として瀕死の患者にも服用させたようだ。

もともと中国には「人中黄」という漢方薬があり、甘草（かんぞう）の粉末を便に混ぜて作ったといわれる。解熱や解毒作用があり、細菌性皮膚疾患である「丹毒（たんどく）」や、チフスの一種である傷寒熱病（しょうかんねつびょう）などに用いられたようだ。江戸時代の医学書『用薬須知』にも載っている。

昔の話だけではなく、近年でもウンチを加工した一種の「薬」が使われているという。

そもそもウンチの成分は、健康な人の便は約80パーセントは水分で、残りの固形分の3分の1が食べ物のカス、3分の1が古くなった腸粘膜、3分の1が腸内細菌とその死骸である。

腸内細菌は、単に人間に寄生しているだけではなく、人の腸と協力して化学物質をつくり出し、それを用いて人の各臓器と会話している。たとえば「幸せホルモン」といわれるセロトニンの多くも、腸内細菌によってつくられた物質が脳に運ばれ、合成されたものだ。私たちの感情の一部は、実は菌がつくり出しているともいえる。

腸内細菌の内訳は100種類以上にもおよび、約100兆個ともいわれる。なかでも、回腸（小腸の終わり）から大腸にかけては、多様な腸内細菌がビッシリ腸内の壁面に生息しており、それがお花畑のように見えることから、腸管における腸内細菌のありさまを「腸内フローラ」（腸内細菌叢）と呼んでいる。

腸内の菌には善玉菌と悪玉菌がいて、健康な人の腸内は、善玉菌が悪玉菌を抑える形で腸内フローラが一定のバランスで維持されている。ところが、何らかの原因で悪玉菌が優勢になってしまうと腸内腐敗が進み、アンモニア、フェノール、インドールなど、人の健康に有害な物質が増える。

これらの有害物質が、臭いオナラの原因になったり、もっとひどい場合は有害物質が腸管から吸収されて肝臓、心臓、腎臓などに負担を与え、老化を促進させたり、ガンをはじめとするさまざまな生活習慣病の原因になる。

そこで、２０１３年にアメリカで、健康な人の便を他人に移植して、腸内環境を改善するという試みが初めて行われた。その結果、治りにくい腸管感染症患者の症状に大きな改善が見られたという。ウンチが「薬」に変身したのであった。

4章

健康科学の残念な常識

「疲労回復に甘い物を食べる」と陥る悪循環とは

オフィスで疲れたとき、机の中にしのばせたアメやチョコレートを食べる人も多い。最近では菓子メーカーが気軽に食べられるように置き菓子をしている場合もある。そのため、「疲労回復には甘い物がいい」と思っている人も多いだろうが、それが間違いだと言われるようになってきている。

甘い飲み物やお菓子に含まれる糖分は、急激に血糖値を上げ、脳内の神経伝達物質である「セロトニン」などの分泌を促すので一時的にはホッとした気持ちになる。ところが、身体はバランスを保つために急激に上がった血糖値を下げようとするので、しばらくすると血糖値が下がりすぎてしまう。そして今度は逆に低血糖の状態になってしまう。そうなると体もだるくなり、集中力も落ちてしまう。さらに、無気力やイライラなどを起こすこともある。

精神を安定させる神経伝達物質のセロトニンが増えた分、やる気を出す神経伝達物質の「ドーパミン」が減っているのだ。脳内の神経伝達物質のバランスが崩れると、再び甘い物を食べて精神を安定させようとする。この悪循環に陥ってしまうと、甘いものを食べすぎた結果の「慢性疲労」を招くことになる。

一時的な血糖値の上昇と興奮によって、疲労回復と錯覚した後に訪れる疲労感の原因は、血糖値を下げるためのインシュリンの分泌や、糖質をエネルギーに変えるためのビタミンB群が不足するためだとされる。

疲れた時には、糖分ではなく、タンパク質、ビタミンB群、クエン酸を摂るのがよい。いずれも疲労回復効果があるが、特にビタミンB群はタンパク質、糖質、脂肪を燃焼させ、エネルギーに変えるための着火剤的な役割があり、タンパク質と一緒に摂取するのがベスト。クエン酸には血流改善の効果があり、タンパク質やビタミンB群が全身に行き渡るのを助けてくれる。

どうしても甘い物というのなら、血糖値の上昇が緩やかな、果物か焼き芋などで糖分を摂るか、それが無理なら、食物繊維が含まれている小豆(あずき)を使った和菓子を選ぶとよい。

悪循環を断ち切るためには、一瞬ではなく、持続的に働くセロトニンをつくることが大切だ。仕事中や家事の合間に食べられるものとしては、チーズ、ナッツ、小魚スナック、牛乳、豆乳、無糖ヨーグルトなどだ。

おつまみのスルメのようにしっかりと噛むものもいい。唾液がたくさん出て空腹感を満たしてくれ、長く咀嚼(そしゃく)すると、セロトニンが分泌されるので一石二鳥だ。

「マイナスイオンが身体にいい」の怪しい科学的根拠

「マイナスイオン」は、大気中に存在する負の電荷を帯びた分子の集合体のことだが、マイナスイオンという名称は主に家電メーカーが使い始めた一種の造語で、厳密な意味での学術用語ではない。

一時期、マイナスイオンの効果が宣伝され、マイナスイオンを発生させると称するエアコンや空気清浄機、ドライヤー、加湿器などが家電量販店やインターネットのショッピングサイトに並んだことがあった。2002年のヒット商品番付に「マイナスイオン家電」がランキングされたほどである。

その結果、マイナスイオンは「大自然の空気」「滝のそばのさわやかな感じ」「細かい水滴の霧状になっているもの」などのイメージがもたれるようになったが、実はマイナスイオンという言葉には、はっきりした定義がない。何を指してマイナスイオンというのか、よくわからないのである。

そもそもイオンとは、電気を帯びた（帯電した）原子や分子のことを指す。電気にはプラスとマイナスがあるので、プラスに帯電したイオンを陽イオン、マイナスの場合は陰イオンと呼ばれる。

つまり、そのイオンがプラスならばプラスイオン、マイナスならばマイナスイオンと呼ばれるだけのことであって、マイナスイオンと呼ばれる特定の霧のような物質があるわけではない。

仮に、陰イオンをマイナスイオンと呼ぶとしても、マイナスに帯電すればすべてマイナスイオンと呼べるわけで、マイナスイオン発生器が放出する物質が何なのか、明確な定義はない。

その発生の仕組みは、どうやら放電させて、マイナスイオンと呼ばれる物質を放出しているようだが、科学的には説明できない謎の物質ということになる。

メーカーは免疫力の向上や疲労感の軽減効果があると言っているが、マイナスイオンが直接健康に良い作用があるかどうか、医学的な根拠は示されていない。

それどころか、マイナスイオン発生器が人体に有害なオゾンを発生させる可能性も指摘されている。

アメリカでは、健康機器としてイオン発生器が一時流行したことがあった。しかし1960年代初頭に、イオン発生装置や副産物のオゾンに対してアメリカ食品医薬品局が警告を出したため、イオン発生器は健康市場から制限を受け、倒産する会社も現れた。

「マイナスイオン」を名乗る製品は、いつのまにか消えていくかもしれない。

「運動前に必ずストレッチ」は、むしろやってはいけない

身体を鍛えるためにしていたウサギ跳びが、一転して「身体に悪い」といわれる。そのようなことは珍しくなく、健康に関する常識は、日々目まぐるしく変わっている。

学校では、ランニングなど、運動の前にはストレッチをしなさいと教わり、「健康に良い」と思われていた。しかし、現在ではこの準備運動的な「静的ストレッチ」などには効果がないだけではなく、かえって筋力が低下するとされるようになった。スポーツ界では、「運動前のストレッチングは、パフォーマンスを低下させる」ということは、もはや常識となっているようだ。

テキサス工科大学のデュエイン・ヌードソン教授は、早い時期から運動前の静的ストレッチに疑問を投げかけていた一人で、彼が１９９８年に発表した論文は「静的ストレッチをすると筋肉は存分に動きにくくなる。その結果、静的ストレッチを行った後の30分から1時間は運動能力が落ちる」というものだ。これは当時の常識に反していたため、多くの人から苦情が寄せられたという。

２００４年、カナダのＳＭＢＪ病院のシュライアー医師たちが、ストレッチが筋力やジャンプなどの瞬発力を低下させると報告した。そのころから、「常識」がゆらぎ始め、多くの研究者が同様の結果を報告するようになった。

同年に、アメリカ疾病予防センターで、ストレッチに関する過去の膨大なデータを分析した結果、「運動前のストレッチが怪我を減らすという証拠はない」と結論づけた。２００６年には欧州スポーツ医学会が、２０１０年には米国スポーツ医学会が、運動前のストレッチはパフォーマンスを低下させるという公式声明を発表した。

こうして、現代のスポーツ運動生理学では、ストレッチが筋力トレーニングに与える影響についても、「トレーニング前のストレッチングは筋肥大の効果を減少させる」という結論を出すに至った。

ストレッチには「静的ストレッチ」と「動的ストレッチ」がある。静的ストレッチは同じ姿勢で筋肉を伸ばすものだ。筋肉は伸ばせば縮まりにくくなるので、静的ストレッチをすると、力が充分に出せなくなる。

重い物を持ち上げようとするとき、ひざがしっかりロックされていないと持ち上がらないように、関節の「緩さ」は筋力を使う際には障害となる可能性があるのだ。また、静的ストレッチは筋肉の緊張をやわらげる効果はあるが、その分脱力してしまい、パフォーマンスにつながりにくいともされている。

準備運動で筋肉を伸ばすストレッチをした後、ウエイトトレーニングなどで筋肉を一気に収縮させると、反射作用で筋断裂などの怪我をすることもあるのだ。身体が温まっていない筋トレ前に、ウォーミングアップ代わりのストレッチをすることは危険なのだ。

もっとも、すべてのストレッチが悪いわけではない。軽く走ったりジャンプするような、心拍数を上げる軽い運動をすれば、温まった筋肉組織は強くなり、より多くのエネルギーを吸収する。これが「動的ストレッチ」で、運動前のいいウォームアップになる。

「筋肉痛が遅れてくるのは年齢のせい」にしていませんか？

普段運動しないお父さんが子どもの運動会で走ったら、翌々日に筋肉痛になったということはよくある。

そんなとき、「若い頃は次の日に筋肉痛になったものだが、筋肉痛がすぐにこないのは、年をとったから」などという人が多い。

ところが、筋肉痛が遅れてくる原因は年齢とは関係がないことが、医学的に実証されている。


筋肉痛のメカニズムは完全には解明されていないが、現在のところ、三つの要素が関係しているとされている。

一つ目は、疲労物質が溜まることだ。筋肉に負荷をかければかけるほど、疲労物質が溜まり、それによって痛みが起こるのだが、疲労物質は運動直後がもっとも多い。運動直後に筋肉の痛みが起こる「即時性筋肉痛」は、主にこれが原因だ。運動のあと、体内の疲労物質は徐々に分解されていくので、3日後など、遅れてくる筋肉痛は疲労物質はほとんど関与していないとみられる。

二つ目は、筋繊維が傷つくことだ。筋肉は大きな力で収縮を繰り返すと、小さな断裂を起こす。そして、傷ついた部分が炎症を起こすことによって痛みが発生する。

高い負荷をかければかけるほど筋肉の断裂が多くなり、痛みも大きくなる。これも即時性筋肉痛の原因で、３日後にくる筋肉痛とは関係ない。

三つ目は、筋肉が修復する時に起こる炎症だ。傷ついた筋肉の繊維は、一度分解され、その部分に新しい筋繊維がつくられるのだが、筋肉が分解される際に痛みが生じる。この痛みが遅れて発生する筋肉痛（遅発性筋肉痛）の原因といわれている。

つまり、運動後すぐに起こる筋肉痛は、疲労物質と筋肉の断裂によるもので、遅れて起こる筋肉痛は、回復にともなう炎症ということになる。

年をとると、運動する機会や量が減り、肉体的なパフォーマンスが落ちる。するとそれまでは筋肉痛が出ないレベルだった運動をしても、回復が必要なレベルの運動になってしまうため、翌々日に筋肉痛が出るというわけだ。

普段から使っていない筋肉は、毛細血管の発達が不十分で、血液が集まってくるのに時間がかかる。その結果、痛みの物質ができるまでに時間がかかり、筋肉痛が遅く出る。

普段から運動をして筋肉を使っている人ほど早く筋肉痛が出て、逆に運動をあまりしない人ほど筋肉痛が遅く出るというわけだ。

普段の運動習慣が筋肉痛の軽減につながるので、筋肉痛が遅れてくるようになったと感じたら、運動する機会を増やすことだ。

「コラーゲン配合商品は肌、老化に効く」を信じてはいけない

コラーゲンをとるだけで「お肌にいい」「関節の痛みが治まる」などという言葉は魅力的だ。それでプリプリお肌になるのなら、多少お金をかけてでも使ってみようかと思うだろうが、どうやらそうではないらしい。

コラーゲンというのは、動物の皮膚や骨、軟骨、腱などを構成するタンパク質の一種で、人間の体内にある全タンパク質の約30％を占めている。

年齢を重ねるとともに、コラーゲンの質や量は低下し、コラーゲンの分子同士が結びついて硬くなる。その結果、肌の弾力が失われたり、骨が弱くなったり、関節が痛みやすくなるなどの老化現象が起こる。

それでは、コラーゲンをたくさん摂取すれば、肌や骨が老化するのを防ぐことができるのだろうか。残念ながら、これまでの研究では有効性は示されていない。

コラーゲンが豊富に含まれているフカヒレ、スッポン、鳥の手羽先などを食べると、コラーゲンはタンパク質の一種なので、胃や腸内の消化酵素によってアミノ酸に分解される。分解されてしまえば、他のアミノ酸とほとんど変わらない。

体内では、そのアミノ酸を材料にしてタンパク質を生合成するが、分解されたアミノ酸がどれくらいコラーゲンになるかは体内のメカニズムで決まる。意識的に種類や量をコントロールすることはできない。

また、体内でできたコラーゲンが骨になるか、皮膚になるか、靭帯になるかも同じくコントロールできないのである。つまり、コラーゲン配合の錠剤やドリンクを摂取するのは、肉や魚を食べるのと何ら変わらないのである。

巷には、食べ物だけでなく、化粧品や錠剤、ドリンク剤など「コラーゲン配合」

をうたった商品が溢れている。だが、体内に入ったコラーゲンは、消化・分解されてアミノ酸になってしまうので、コラーゲンが配合されたサプリを摂取しても、残念ながら肌のコラーゲンになるとは限らないということだ。

また、コラーゲンは、皮膚から摂取することはできないといわれている。皮膚の真皮に届いたとしても、異物とみなされ定着することはなく、肌がプリプリになるといった効果はまったく期待できないのである。

これらのコラーゲン製品は、牛や豚など動物の皮膚、魚類の骨や鱗（うろこ）から抽出されているが、その製法はゼリーの材料として知られる「ゼラチン」を作るのと同じだ。したがって「コラーゲン1000ミリグラム配合」というのは「ゼラチン1000ミリグラム入り」とまったく同じ意味になる。

「水はたくさん飲んだ方がいい」が危険な理由

熱中症対策として、塩分や水分の摂取が推奨されているが、どちらも過度な摂取には気を付けなくてはならない。

塩分の摂取が多すぎると、「食塩中毒」が引き起こされる。一方で、塩分が少なすぎることで起こる中毒もある。それが「水中毒」だ。

水中毒とは、水分を大量に摂取することで血液中のナトリウム濃度（塩分の濃度）が低下し、「低ナトリウム血症」という状態に陥ることをいう。

主な症状としては、めまいや頭痛、多尿、頻尿（ひんにょう）、下痢などがあげられる。悪化すると吐き気や嘔吐（おうと）、錯乱、意識障害、性格変化、呼吸困難などの症状が現れ、死に至る場合もある。

水はいくら飲んでも問題ないというイメージがあるが、水の飲み過ぎが原因で、海外では低ナトリウム血症による死亡事故が起こっている。

いかに多くの水を飲めるかを競う競技で、7・5リットルの水を飲んだ女性が死亡したり、フットボールの練習中に14リットルの水分を摂取した男性が死亡したことがある。何事にも限度というものがあり、たとえ水でも飲みすぎれば健康を害するのだ。

夏場は冷たい水を飲む機会が増える。これも気をつけないと身体を冷やす結果となり、頭痛やめまい、胃腸の悪化など、体調不良の原因となる。

厚生労働省は「健康のために水を飲もう」と奨励している。ここでは、平均的にコップの水をあと2杯飲めば、1日に必要な水の量を確保できるが、大量の水を無理に飲み続けることは避け、喉の渇きに応じて、適宜水分を補給することを心がけるようにと呼びかけている。

「ブルーベリーで眼がよくなる」で眼はよくなった？

日常的にパソコンやスマートフォンを利用して目を酷使している人が多いが、これらの機器から発せられる有害な光は、目に悪い影響をおよぼしている。文部科学省がまとめた２０１７年度の学校保険統計調査によると、視力が１・０未満の小学生が32・５％、中学生が56・３％、高校生が62・６％にものぼるという。一種の現代病ともいえる。そんななか、視力回復には「ブルーベリーがいい」と聞いたことはないだろうか。

第二次世界大戦中、一人のイギリス軍パイロットが「ブルーベリージャムを食べた後は目がよく見えて、撃墜率が高くなる」と話したことから、ブルーベリーが目に良いとされるようになったという。

これがきっかけとなって、研究者たちがブルーベリーと目の関係について調べたところ、疲れ目やかすみ目などの症状は、「ロドプシン」の不足によって起きるが、ブルーベリーに含まれる「アントシアニン」に、ロドプシンの再合成を促進する効果があることがわかった。

ブルーベリーは、それらの症状を軽減し、眼精疲労・疲れ目には効果があるようだ。しかし、研究者たちは「ブルーベリーで視力が回復するという医学的な根拠は認められない」としており、ブルーベリーを食べたからといって視力が回復するわけではない。

また、ブルーベリーなら何でも良いわけではなく、効果が確認されているのは北欧産の「ビルベリー」しかないともされており、その日のうちに眼精疲労の改善を実感する人もいるとされる。

だが、ビルベリーには「抗酸化作用」があるともされ、それが「目に良いかもしれない」というレベルの報告もある。だが、この効果は24時間程度しか持続しないことも明らかになっている。

効果を期待するには、1日にビルベリーのアントシアニンを200～400ミリグラム取ることが望ましいという。健康補助食品にブルーベリー製品も多く出回っているが、ブルーベリーが北欧産またはビルベリーとはっきり明記されているか注意が必要だという。

近年は、「ルテイン」がパソコンやスマートフォンなどの、有害な光から目を保護するほか、加齢による目の病気に対する効果も期待されている。

ルテインはほうれん草、にんじん、かぼちゃ、ブロッコリーなどの緑黄色野菜や、とうもろこしや果実、卵黄に多く含まれており、体内では作ることができないため、食事から摂ることが重要だ。

それにしても、巷によくある健康補助食品には、「これで○○がよくなった」「△週間で効果が現れた」というのがうたい文句になっていることが多いが、その言葉に飛びつくことは避けたい。

「高血圧を気にして減塩」は意味がなかった!?

血圧は年齢とともに高くなる傾向があり、高くなった血圧をそのまま放置しておくと、危険な病気を発症し最悪の場合には突然死の危険性もある。

そんな高血圧は塩分の摂取量と関係があるといわれている。この「塩分摂取が高血圧の原因」という説は、米国のブルックヘブン国立研究所のルイス・ダール博士が、1961年に食塩摂取量と高血圧の発症率に関係があることを示唆したことがきっかけとなって広まった。だから、減塩すれば高血圧が治るのではないかとよく聞く。

日本でも減塩ブームは広がり、食塩摂取量の多かった秋田県や長野県などで、減塩運動が行われたことはよく知られている。これは60年も前の話で、たしかに当時の塩分摂取量は多かったが、その説を現在にあてはめるには無理がある。

近年の研究では、食事による塩分摂取量と高血圧の間に因果関係のないことがわかった。むしろ、極端な減塩はストレスはもちろん他の健康障害をもたらすことにもなる。

そもそも高血圧の原因は塩分だけではない。血管の老化、運動不足、肥満、ストレス、遺伝的要因など、生活習慣病といわれるものが挙げられる。

たしかに、原理的にいえば塩分の過剰摂取は高血圧を招く。食塩に含まれるナトリウムは、体に水分を保持させる役割を持っているので、ナトリウムの体内濃度が高くなると体液が増え、その結果として血管を流れる血液の量も増えることになり、血圧は上がる。

だが、塩分と血圧の関係では、減塩で効果の出た人とそうでない人がいる。塩分を減らしても、血圧に変化がない人もいるのだ。

食生活での減塩で血圧が下がるタイプの人は、腎臓障害によって尿に食塩が排出できないために起こる高血圧と、食塩に対して影響を受けやすいことで起こる食塩過食性高血圧だけで、患者数は1％程度といわれる。

つまり、「食塩に含まれるナトリウムが体内に入ると、濃くなったナトリウム濃度を薄めようとして体液が増えて、血管を通る血液の量も増え、結果的に血圧が高くなる」ということだ。

だが、実際の高血圧の原因は塩分の過剰摂取以外のことが圧倒的に多い。だから、減塩すれば高血圧が治ると、短絡的に考えない方がいい。ちなみに、過剰摂取されたナトリウムは腎臓から尿で捨てられる仕組みとなっている。

高血圧が気になる人は、自分がどのタイプかを知ることが大切だ。それよりも塩分不足に陥るほうが、よほど危険なのである。

「コレステロール値が低いと健康」は、知識不足です

血液検査の項目に、善玉コレステロールと悪玉コレステロールの区別がある。悪玉コレステロールを減らし、善玉コレステロールを増やすことが健康維持につながると思われているのだろう。

あらゆることで、善玉はもてはやされ、悪玉は忌み嫌われるのは当然だ。

しかし、「そんなばかな」と驚く人が多いだろうが、「コレステロールには善玉も悪玉もない」という。善玉・悪玉という区別は、コレステロールの働き方に対して便宜的につけられたもので、コレステロールそのものには善玉も悪玉もないのだ。

そもそもコレステロールとはなにか。コレステロールは脂質の一種で、人間の血液中だけでなく、脳、内臓、筋肉など全身に広く分布している。

人間の身体は約60兆個の細胞からできているが、細胞は一定期間で古いものから新しいものに作り替えられる。その中で、細胞を形作る細胞膜の材料がコレステロールだ。

細胞をつくるために不可欠な物質であり、コレステロールが不足すると、細胞を正しく作れなくなる。その結果できた弱い細胞はガンになりやすくなる。

また、コレステロールは紫外線を浴びることで、カルシウムの摂取に必要な物質に変化する。つまり、コレステロールが少ないとカルシウムが不足し、骨が弱くなってしまう恐れがある。

そんな重要な存在であるにもかかわらず、コレステロールが病気の原因として目の敵にされるのはなぜだろうか。

細胞をつくるために必要なコレステロールは、肝臓から血液中を流れて全身の必要な部分に届けられる。ところがコレステロールは、そのままでは血液に溶けないため、血液の中では、「リポタンパク」というタンパク質に包まれ、粒になって存在している。

この粒の主なものは2種類ある。一つは、タンパク質の割合が多めで、粒は小さく体の隅々から肝臓に向けコレステロールを運ぶ「HDL（高比重リポタンパク）コレステロール」で、もう一つは、コレステロールの割合が多く粒は大きめで、肝臓から全身へコレステロールを運ぶ「LDL（低比重リポタンパク）コレステロール」だ。

コレステロールを包んだリポタンパクが、活性酸素とぶつかると包みが破れ、血液中にコレステロールがばら撒かれてしまう。ばら撒かれたコレステロールは、掃除機の役割を果たす「マクロファージ」と呼ばれる物質と血管壁にある「平滑筋細胞」が片づけてくれる。

　この時、マクロファージや平滑筋細胞がコレステロールやリポタンパクを取り込むことで発生するのが、「アテローム」（粥状隆起）だ。このアテロームが血管を塞ぐことで、脳卒中や心筋梗塞が引き起こされる。

　つまり、脳卒中の主原因となるのはコレステロールではなくアテロームなのだ。さらにいえば、リポタンパクの包みを破壊する活性酸素が問題なのである。

　実は、リポタンパクが活性酸素とぶつかって、コレステロールが血液中にばら撒かれたとき、リポタンパク内で一緒に梱包されているレシチンが、不要になったコレステロールを体外に排出する。レシチンで処理しきれない分をマクロファージや平滑筋細胞が掃除している。つまり、レシチンの量が多ければアテロームは発生しないのだ。

　ＨＤＬはレシチンを十分に含むが、ＬＤＬには少量なので、アテロームが発生しにくいＨＤＬを善玉、発生しやすいＬＤＬを悪玉と呼ぶようになったのだ。

「近視の人は老眼にならない」に根拠はなかった

メガネ型ルーペが話題になっている。ルーペは近視や老眼を矯正(きょうせい)するものではないが、文字などが大きく見えることで普及しているようだ。

昔から、老いは目と歯から始まるといわれている。老眼は近くの物が見づらくなることから始まるため、遠くの物が見えにくい近視と相殺されるとして、「近視の人は老眼にならない」と思っている人が多い。

だが、老眼とは、加齢によって眼の水晶体の弾性が弱まり、近いところを見るときに必要な調節ができなくなった状態で、近視・遠視・乱視にかかわらず起こるものなのだ。

老眼であることを認めたくなかったり、老眼鏡をかけることに抵抗がある人もいる。老眼を軽くみて、目に合わない市販の簡単な老眼鏡を使用することは、眼精疲労などの原因になる。

そもそも近視とは、眼内に入った光が網膜よりも手前で焦点を結んでしまい、網膜にピントがあわない状態を言う。メガネやコンタクトレンズで矯正していない場合、「遠く」ではなく「近く」にピントが合いやすくなる。

目は、加齢により水晶体の柔軟性がなくなったり、筋力の衰えによりピントが手元に合わせづらくなるのである。

近視の度合いがマイナス2・0やマイナス3・0程度であれば、メガネを外すと手元が見えやすい場合が多いことも、「近視に老眼鏡は必要ない」としているが、近視の人すべてが、ちょうどよい距離にピントが合うわけではない。

眼鏡店で度数を試すことができる場合は、弱い度数から掛けてみて、自分が使いたい距離でしっかりピントが合うものを選ぶのがよい。仕事や趣味で手元の作業が多い場合は、手元用の老眼鏡があると目の負担も軽減できる。

5章

IT・メカ・技術の残念な常識

「スマホから聞こえる声」は、本当の声とまったく違う？

ケータイやスマホは、通話音声をデジタル化して、モバイル回線で送信している。ところが、音声を忠実にデジタル化すると、そのデータ量は膨大なものになり、とてもモバイル通信では利用できない。大災害や事故、巨大イベントなど、一時的に大きな通信負荷が発生すると、回線が繋がりにくくなってしまう。そこで、モバイル通信では、送るデータ量を小さくすることで、安定した通信ができる方法を模索した。

通話データを大きく圧縮して小さくする方法もあるが、データ量を少なくし過ぎると、通話の音質も悪くなり、聞き取りにくい通話になってしまう。そのために、音質を悪くせずに、データ量を小さくできる技術が求められたのである。

現在では、アメリカのAT&Tが開発した「CELP」という音声をデジタル信号化する方式が使われている。これは、音声を「声の特徴」と「音韻（おんいん）情報」に分け、音韻情報だけをデータ化するのだ。「声の特徴」の方は、「コードブック」という音の辞書から似たものを選び、その登録されている番号を音韻情報のデータと一緒に送る。

つまり、スマホに向かって話すと、その声は、内蔵のコンピュータによって声の特徴と音韻情報に分けられ、スマホ内に登録されているコードブックと照合され、音声コードが割り振られる。

受け手側では、この情報を元に、音韻情報のデータと、コードブックで指定された番号の音から、相手の声を合成して再生するというわけだ。

つまり、通話音声は、スマホが作成した「人の声に似た合成音」なのだ。

合成音といわれて思い浮かぶのは、カーナビや応答メッセージなどだが、それらは、あきらかに人工的な声だ。しかしスマホの音声は人工的な感じはしない。スマホを利用しているほとんどの人が、合成された声だと気づかないところまで、音声のデジタル化の技術は進んでいるということだ。

だが、風情のある虫の鳴き声を、スマホで相手に聞かせることはできない。というのは、スマホから聞こえるコンピュータが作った合成音では、限られた周波数しか使っていないためだ。鈴虫やセミの鳴き声などの、4000ヘルツ以上の音には対応していないのだ。

「薄いのに暖かくなるヒートテック」の仕組みがわかりますか

冬になると、コートや分厚いセーターなどを着て「着ぶくれ」するのは避けられなかったが、2003年にヒートテック素材の衣料が発売され、薄いのに暖かいと言う理由で爆発的に普及した。

羊毛の衣類やダウン、フェザーが暖かいのは、細い繊維の隙間に空気を多く含み、体温で暖められた空気が身体を覆い、外気の寒さを遮っているからである。さらに、ウールは熱伝導率が低いため、外気で冷やされにくいということもある。

ヒートテックが暖かい原理は、「吸湿発熱」という仕組みを利用しているからだ。人体からは常に水分が汗として発散されており、この水分の粒が繊維につくと、繊維の間で擦れて熱を発する現象が起こるのである。

羊毛にも吸湿発熱効果があるが、水分を吸える限度があり、それには繊維をより多く使って対応するため、厚みがあるものになってしまうのだ。

そこで着目されたのがレーヨン、マイクロアクリルという化学繊維である。レーヨンが水分を吸着して熱エネルギーを発し、マイクロアクリルは、暖められた空気をとどめる保温機能に特化している。これらが「吸湿発熱繊維」となっているのだ。

さらに、ヒートテックは暖かさだけを衣類の内側にとどめ、余分な水分を効果的に外に逃がす仕組みもあるので、薄さを保てるのである。

だが、どれだけ素晴らしい物にも何がしかの弱点があるように、優れもののヒートテックにも弱点はある。

水分を吸収するレーヨンだが、激しい運動で大量に発汗したときには、水分の貯蔵が限界に達してしまい、熱の発生に支障が出る。余分な水分を外に排出するにも、レーヨンは乾くのに時間がかかるのだ。

また、レーヨンの吸水効果は人体の水分を吸収してしまうため、乾燥肌や湿疹になる可能性もある。そこで、メーカーでは、汗をかく作業に向いたメンズ用と、肌に優しい保湿効果のあるレディース用の2種類を製造しているという。

ところで、ヒートテックを二枚重ね着したら効果は2倍になるのだろうか。答えはノーだ。水分は一枚目のヒートテックの繊維内に吸収されるのがせいぜいで、重ね着をしてもヒートテックの特性が発揮されるわけではないのだ。

ちなみに、ヒートテックと羊毛繊維の衣類を重ね着をすると、ヒートテックの化学繊維はマイナス電気を溜めやすく、羊毛はプラスの電気を溜めやすいため、静電気になって、金属に触れるとバチッと放電されるので、注意した方がいい。

「電池は使い切ってから充電」は、昔の常識

「携帯の充電池は、全部使い切ってから充電しないと、充電池の寿命が早くきてしまう」と注意されたことのある人は多いだろう。はたしてそうなのだろうか。

電池は、充電できない使い切りの一次電池と、充電して繰り返し使える二次電池がある。

一次電池は、放電によって化学変化をした電極を、元に戻そうとすると破裂や液漏れをするが、二次電池は電極を元の状態に戻せるのだ。二次電池には、電気カミソリやコードレスホンなどに使われる「ニッケル・カドミウム電池」や、デジタルカメラなどに使われる「ニッケル水素電池」のほか、携帯電話に使われる「リチウムイオン電池」がある。

ここで問題になるのは「メモリー効果」という現象だ。

ニッケル・カドミウム電池やニッケル水素電池では、使い切らない状態で電気を注ぎ足すように充電を何度も繰り返すと、電池はその注ぎ足しを開始した容量を記憶してしまうのだ。

それによって、電池容量がメモリーされたところまで減ると「必要な電圧がもうなくなってしまった」と勝手に解釈してしまい、電圧が低下してしまうことになる。ニッケル水素電池の「メモリー効果」は、ニッケル・カドミウム電池に比べるとごくわずかなものであるが、こうした「メモリー効果」によって、正常な電池より短時間の使用しかできなくなるのだ。

ただ、この現象はリチウムイオン電池では発生しない。したがって携帯電話の充電を残量がある状態でしても何の問題もないのだ。携帯の充電は使い切ってからというのは、リチウムイオン電池には通用しない。

今や、３０００億円以上の市場といわれるリチウムイオン電池業界は、１９９１年にソニーにより世界で初めて実用化されたものだ。取り出せる電気エネルギー量が飛躍的に大きいのみならず、小型の携帯電話への搭載が可能となった。

世界のリチウムイオン電池の生産量の大部分が日本製だとされる。ただし、充電を500回以上繰り返すと劣化して容量が減る可能性があるという。「どうも最近電池の減りが早いな」と思う場合は、充電回数が多いせいかもしれない。

リチウムイオン電池は、携帯電話、ノートパソコン、カメラ一体型VTR、ミニディスク・プレーヤーなどの小型機器の開発を促進したが、今後は電気自動車への積極的な投入が期待されており、さらなる市場の拡大に注目が集まっている。

「乗っただけで脂肪が計れる体重計」のカラクリを言えますか

かつての体重計はバネ式で、内蔵されているバネのたわみで体重を計っていた。この体重計は、時々、修正しなくてはいけない。また、端(はし)に乗ったりすると体重が少なく表示される欠点もあった。

現在のデジタル体重計は、重みで生じる金属フレームの歪みを検出して測定する。フレームにはセンサーが付いており、歪むことで電気抵抗が変化し、その抵抗の強さから重さが算出される仕組みとなっている。

最近では、体脂肪率なども表示してくれる体重計が増えたが、この場合、足の裏が当たる部分に金属製のパッドがあり、人が乗ると微弱な電流を流す。流した電気の量と、人体から出てきた電気の量の差（電気抵抗値）を測ることで、体脂肪率の値を測定している。

脂肪は電気を通しにくいので、脂肪が少ないと体内を電気が通りやすく、脂肪が多いと通りにくくなる。その特性を応用して、体に流れる電流の流れ方を計測することで、体脂肪率を導き出しているのだ。

つまり、体脂肪の重さを測って体重に占める割合を算出しているのではなく、電気抵抗値から体に占める体脂肪の割合を「推測」している、ということになる。

この方法は、ＢＩ（Bioelectrical Impedance＝生体インピーダンス）法と呼ばれ、今や体脂肪率を計測する一般的な方法だ。

体に流す電流は非常に微弱なもので、ビリビリと刺激を感じるようなことはない。だが、こうした計測器に乗って計ると、腑に落ちないことがある。風呂上りや激しい運動の後には体重が減っているはずなのに、体脂肪率は逆に数ポイント上昇しているのだ。

だが、それも少し考えればわかることだ。人間の体は脂肪組織（体脂肪）と、タンパク質、糖類、ミネラル、水分などと、それ以外の組織（除脂肪組織）に分けられる。体内の水分などは運動で汗になるため体重は減るが、体脂肪は容易に変化しない。体脂肪率は体脂肪量÷体重×100で求められるので、体重だけ少なくなれば体脂肪率は上がってしまうのが道理なのだ。

人間の脂肪1キロは約7200カロリーに相当するが、フルマラソンを走っても消費できるエネルギー量はわずか2400キロカロリーほどとされ、単純計算では、体脂肪を1キロ減らすのには、マラソンを3回走らなければならないこととなる。

体脂肪が多すぎると健康に良くないのは、体脂肪からさまざまな生理活性物質が出ていて、これらが血圧を上げたり、血液をドロドロにしたりするほか、インスリンの効き目を悪くさせることがわかり、高血圧、動脈硬化、糖尿病に発展する可能性が大きい。

脂質の多い食材が、身体の脂肪になると思っている人が多いだろうが、これは早とちりだ。三大栄養素の炭水化物やタンパク質も摂りすぎると体脂肪となって蓄積されることがわかっている。

年齢を重ねると体脂肪が増加傾向になるのは、基礎代謝が減少するからで、基礎代謝のピークは男性が15〜17歳、女性が12〜14歳で、その後は10年間で約2％ずつ低下していく。若い時と食べる量が同じなら、年を取れば体脂肪は増えて当たり前ということになる。

体脂肪計を使用する前に、性別や身長を入力するのは、性別や身長から電流が流れる経路と抵抗値をあらかじめ計算し、補正しておくためだ。

ちなみに、体重は赤道に近づくほど地球の自転の遠心力の影響を受けて軽くなるため、体重計に使用地域が設定できる機種もある。

「扇風機は羽根があってあたりまえ」ではなくなってきた!?

小学唱歌に、西条八十が訳詞した「誰が風を見たでしょう」がある。「けれど木の葉をふるわせて　風は通りぬけてゆく」と結ばれるが、まさに、風はどこから来てどこに行くのかわからない。

だが、扇風機が風を起こしている理由は、船のスクリューのような羽根が回転しているからだとわかる。ところが、ダイソン社から「羽根のない扇風機」というセンセーショナルな商品が販売され、テレビCMでは円筒から風が流れている映像が流れた。

この扇風機はどのような構造でできているのだろうか。

この謎解きをすると、羽根は外から見えないだけで、実は胴体の円柱部分にちゃんとあるのだ。風の吹き出し口もしっかりとあるが、吹き出し口が1ミリほどのスリット（細いすきま）なのでテレビＣＭでは見えないだけのことだ。

胴体の下部には多くの穴が開き、取り込まれた空気は内部のモーターと羽根の働きで、胴体上部に送られてスリットから吹き出しているのだ。まるでトリックだ。

リングから出てくる風は、スリットから吹き出る時の15倍ものパワーになっているという。狭いスリットから吹き出る風が、一気に強力な風量になるのは、気圧差があるからだ。

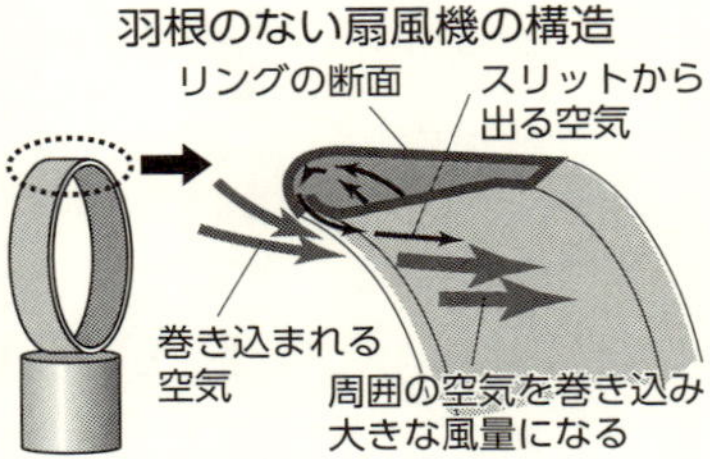

羽根のない扇風機の構造

リングの断面
スリットから出る空気
巻き込まれる空気
周囲の空気を巻き込み大きな風量になる

地表付近で風が吹いて空気が流れると、そこの気圧は低くなり、周囲の空気は気圧の低い方に向かって流れ込むように、扇風機のリング後方から風が生じると、その部分の気圧が下がり、周囲の空気がスリットから吹き出る風にドッと押し寄せるので大きな風量になるのだ。

さらに、リングの断面は飛行機の翼のように流線形になっていて、厚くなっている後ろ側にあるスリットから、前面に向けて風が吹き出すと、その空気はリング内側の傾斜に沿って流れて速度を増し、同時に気圧が周囲よりも低くなっていく。内側につけられた微妙なカーブが、空気の速度を増すことを助けているわけだ。

羽根のない扇風機を開発したダイソン社では、この技術を「エアマルチプライアーテクノロジー」と名付けている。

この仕組みをヘアドライヤーにも応用しているが、持ち手部分にモーター、ファン、ヒーターなどを内蔵し、持ち手部分から吸い込んだ空気を、ヘッド部分のスリットから吹き出す仕組みだ。羽根のない扇風機は通常の扇風機より、構造上静かだということも大きなメリットといえるだろう。

「磁気カードとICカード」の性能は大違いだった

ここ数年で、クレジットカードが普及し、あらゆるものがカードで決済ができるようになった。

カードには、「磁気カード」と「ＩＣカード」があり、似た形態をしているので同じような物と思われがちだが、記録方法がまったく違い、記録容量では雲泥の差がある。

「磁気カード」は、プラスチック製のカード上面に張り付けられた磁気ストライプの中に、カードの情報を転写した形式で、磁気によってデータを保存、管理している。銀行の現金自動払出機に用いられるキャッシュカードやクレジットカードなどに用いられ、磁気カードリーダーで読み取る。

磁気カードのメリットはコストが安いことで、そのため世界中に広まっており、読み取り機のコストが比較的安いことも普及率を支えている。

しかし、磁気カードを水に浸けると磁気が弱まり、磁気ストライプは磁気が弱まると使えなくなることもある。さらに、磁気ストライプの情報を入手することは簡単で、スキミング被害が多く、セキュリティ面での信頼性が低いことが、最大の欠点である。

一方、ＩＣカードは、カードに集積回路が組み込まれているため、読み取り機にかざしただけでデータのやり取りができ、磁気カードの数千倍の情報が記録できる。CPU（中央演算処理装置）を備えたものもあり、そうなると小さなコンピュータといえる。

接触型と非接触型があり、「接触型」では、読み取り機から直に電気を受け取って動く。スイカやパスモのように、読み取り機に近づけるだけの「非接触型」では、カードの中にドーナッツ状になったコイルがあり、読み取り機で読み取ると磁場が変化し、金属内に電流が流れて電磁誘導を起こしてメモリの記録を書き換えている仕組みだ。

この間、0・3秒という早業である。非接触型にスマートフォンなどの充電があるが、現在のところプラグを使った充電よりも効率が劣っているようだ。

カードに事前に入金（チャージ）しておき、買い物の支払いや電車・バスの運賃などに使われているクレジットカードに、定期券情報を入れることができるものが増えてきた。

ICカードはスキミングが困難で偽造されにくく、セキュリティ上も磁気カードに比べると安心して使うことができる利点がある。その反面、専用読み取り機でないと情報を読めない、読み取り機の価格が高く、カード自体のコストも安くないといったことが欠点とされる。

「IHクッキングは調理器自体が熱を出している」わけではない

寒い夜には温かい鍋料理が定番だ。コタツの上にコンロと鍋を置くが、ガスコンロの炎の熱が鍋の周囲にも伝わり、周囲を温めるだけでなく、引火の危険まである。だが、最近では炎が出ないＩＨ調理器という優れものがあり、お年寄りや小さな子がいる家庭でも安全で、野菜や肉をそばに置いても熱が伝わらないのだ。

このＩＨ調理器は本体が熱くないのに、どうして鍋を温めることができるのだろうか。

ＩＨ調理器を簡単に言えば、電磁波を使って直接に鍋を発熱させているのである。

ＩＨとは、Induction Heating（誘導加熱）の頭文字をとった呼称である。コイルに磁石を近づけると、コイル内で磁場が変化して電流が発生する。これを「電磁誘導」といい、そのとき流れた電流を「誘導電流」という。磁石の代わりに別のコイルに電流を流しても同じ現象が起こる。

ＩＨ調理器の中には渦巻状のコイルが入っていて、ここに高周波の電流を流すとコイルの周辺に磁力線が発生する。磁力線が金属でできた鍋底を通る時に、鍋の内部に無数の「渦電流」を発生させる。渦電流が流れるときに鍋底の電気抵抗で熱が発生し、鍋の内側から温められるのだ。さらに、コイルに流す電流の強さを変えることで、温度の調整ができる。

ＩＨ調理器には、温度センサーで鍋底の温度を測定し、自動的に電流を調整して過熱を防止する「サーモスタット」がついているのが普通で、底が反っているなど平らでない鍋では、センサーが動作せず、過熱する可能性がある。

また、ＩＨ調理器自体は発熱しないが、鍋は熱くなるのでＩＨ調理器に熱が伝わり、電磁調理器は熱くなっているので、やけどなど注意せねばならない。

「最先端技術の有機ＥＬテレビ」よりもハイテクなテレビがある？

２０１７年初頭、国内の家電メーカーがこぞって「有機ＥＬテレビ」を発売し、「有機テレビ元年」となった。

有機ＥＬとは「有機エレクトロ・ルミネッセンス」の略だ。方式はプラズマテレビと同じだが、バックライトで画面を光らせる液晶とは違う。発光材料そのものが光る自発光方法のため、特に黒色の表現力が優れている上に、動画の応答速度も速く残像もない。斜めから見ても画像がきれいに見え、広色域も表現できるなど、画質の点では液晶よりも優れている面が多い。原理的には液晶より構造が単純なために製造コストも下がるとされる。

有機ＥＬの歴史は意外と古い。１９８７年にイーストマン・コダック社の技術者によって開発され、２０００年代には「液晶の次は有機ＥＬテレビ」という機運が盛り上がっていた。０１年に韓国のサムソン電子が小型有機ＥＬパネルの量産を開始。０４年にはソニーが後を追う形で小型有機ＥＬパネルの量産に成功し、０７年に「ＸＥ－１」という世界初の卓上型有機ＥＬテレビを発売した。

それまでの有機ＥＬの用途は、携帯ゲーム機やスマートフォンに限られ、50インチ以上の大型有機ＥＬパネルの量産化はどのメーカーも難航していた。高画質化のポイントの一つである光の三原色「Ｒ・Ｇ・Ｂ」の有機ＥＬを塗り分ける技術に到達しなかったためだ。

そんな中、２０１３年に韓国のＬＧ電子が、ＲＧＢの塗り分けを諦め、ホワイト方式を開発し、一気に道が開かれた。これで大型パネルの量産が可能となり、今日に至るのだ。

有機ＥＬのパネルを使ったテレビの厚みは、従来のテレビの10分の1である。現在、液晶テレビは5～7センチの厚さなので、５ミリにまで薄くなる。ここから、曲げられるテレビが実現されることになったのだ。

解析度は現在の４Ｋ液晶テレビと同じ４Ｋだが、それよりさらに上の８Ｋの開発も進められており、まだまだ進化型が登場してくるようだ。

「地デジの時報が正確」ではないって知ってた？

一般的にはこんなことはできないが、従来のアナログテレビと地上デジタル対応テレビを並べて、同じ番組を受信できたとすると、不思議なことが起きる。アナログテレビ映像と音声が流れたあと、4秒ほどたってから地デジで同じものが流れるのだ。歌番組だと輪唱しているような感じになる。

また、実際にパソコンやスマホのアプリ「radiko」などでラジオ放送を聞くと、実際の放送よりも遅れている。

radikoは、各局が電波で放送するものと同じ放送内容を、インターネットのストリーミングで同時に配信しているサービスなので、必ず遅延するのだ。そのため、時報音を流さないインターネットラジオ放送局も多い。こうした現象は「伝播遅延」と呼ばれている。

2011年7月24日をもって完全移行した地上デジタル放送は、過密になった通信・放送用電波の周波数帯を整理して、「電波の有効利用」を達成することが目的だった。それが、高画質・高音質化、難視聴域の解消などにつながるほか、番組以外のデータも乗せることで、双方向データサービス、地域情報の提供なども実現できるとしていた。

しかし、番組の映像はもともとは数値の一定しない不規則な情報が連なったアナログ情報である。アナログ放送ならそれをそのまま放送電波に乗せられるが、「0」と「1」の二通りしか扱えないデジタル放送では、情報をすべて「0」と「1」に変換しなくてはならない。

この暗号化に要する放送側の時間と、解読してアナログ状態に戻す受信側の時間を合わせたものが、伝播遅延の正体である。

総務省地上放送課によると「遅延を短縮するのは今後の技術開発で可能だが、原理的にゼロにはならない」という。

そのため、デジタル放送では、秒針がある時計の時報は流していない。

問題なのは、緊急地震速報だ。発生した地震の初期微動をとらえ、まもなく大きな揺れが来ることをいち早く知らせるもので、2007年10月からはテレビ電波での提供も行われているが、これが4秒も遅れて届くのでは、その意味は薄く、時には人の生死にもかかわりかねない。

総務省は、電波産業会とデジタル放送推進協会に早期の技術的解決を要請しているが、今のところ抜本的な解決策は得られていないという。

「ゲノム編集はまだ先の話」と思っていませんか

最近、「ヒトゲノム」という言葉をよく聞くが、なんだか難しそうと思って、スルーしてしまいがちだ。「ＤＮＡ」についても、「親子の判定や犯罪捜査に使われるもの」という認識しかない。

まず、ＤＮＡ（デオキシリボ核酸）というのは、生物の細胞内で遺伝情報となるものだ。そこに身体の材料であるタンパク質の設計図が書き込まれており、その情報をもとに人間の体は構成されている。

人間の細胞の数は60兆個ともいわれるが、その一つひとつに核があり、その中の染色体にＤＮＡがある。例えば、胃を構成する細胞を見ると、ＤＮＡの中に胃を作るためのタンパク質の設計図があって、その設計図通りに胃が作られていく。心臓、肺、腎臓、手や足、頭などを構成する細胞の中のＤＮＡにも、それぞれ設計図がある。「ヒトゲノム」とは、この人間の体を構成するためのＤＮＡの情報のことだ。この情報は塩基という材料に書き込まれる。塩基には、Ａ（アデニン）、Ｇ（グアニン）、Ｃ（シトシン）、Ｔ（チミン）の４つがあり、この４つの塩基からＤＮＡは作られている。つまり、人間のＤＮＡにある４つの塩基の配列情報が「ヒトゲノム」なのである。

この「ゲノム（遺伝情報）」を、一種の「はさみ」であるＤＮＡ切断酵素によって、切ったり、つないだりして「編集」することができるようになった。それが「ゲノム編集」と呼ばれるものだ。

現代の生命科学には、3種類のはさみがある。1996年に「ZFN」というはさみが報告され、2010年に「TALEN」が報告された。しかし、これらは時間や費用がかかるし、応用できる生物も限定されていた。

そこへ、2012年にクリスパー・キャス・ナイン（CRISPR-Cas9）が報告された。これは、より作製が簡単で、切れ味の鋭いはさみだ。従来の2つのはさみよりも安価で、しかもあらゆる生物に応用範囲を広げられる。疾患の原因となる遺伝子が複数の場所に分かれていても、同時に操作できる。

クリスパー・キャス・ナインは、瞬く間に世界中の研究者に行き渡り、食品、農業、医療、エネルギーの分野を中心に応用研究が競われるようになった。

ゲノム編集を使えば、収穫量の多い穀物、病気や害虫に強い作物、収穫後も新鮮な野菜、成長の早い魚、肉づきの良い家畜や魚ができるという。熟成を促す遺伝子を弱めて日持ちを長くしたトマトや、筋肉の成長を抑える遺伝子を破壊して肉量が増えたマダイが日本でも開発されている。

難病の治療にも光が見えてきた。筋ジストロフィーやパーキンソン病などの遺伝子疾患は、異常な遺伝子を正常なものに置き換えることで治療が見込める。

また、血液に含まれる細胞の免疫機能に関わる遺伝子を操作して、ヒト免疫不全ウイルスを減らしたり、免疫細胞であるT細胞のガン細胞への攻撃力を強化することも、アメリカや中国で臨床実験が行われている。

その一方で、安全性の検証や規制、そして倫理観が追いついていないなどの問題点も浮上してきた。「ゲノム編集」には、まだ多くの課題があることも事実だ。

「iPS細胞はまだ実現不可能」と言ったら笑われます

60兆個ともされるヒトの細胞は、受精卵という一つの細胞から始まっている。そこから皮膚、髪の毛、筋肉、骨、血液、神経などのさまざまな役割を持つ細胞に分かれ、人間の体になっている。

通常、体の各細胞は、肝臓の細胞なら肝臓の細胞にしかなれない。しかし、もしさまざまな細胞に分化できる万能細胞があれば、病気や事故などで失われた細胞を補い、組織を修復することができる。

「受精卵を使わずふつうの細胞から体の各機能をもつ細胞を作る」そんな再生医療にとって夢のような万能細胞の開発研究が世界中で行われていた。その中で、2007年に京都大学の山中伸弥(やまなかしんや)教授のグループが、皮膚からとったふつうの細胞から「iPS細胞」を作ることに成功した。

iPS細胞は、日本語で「人工多能性幹細胞」と表記されるように「人間の体のすべての細胞に変化できる細胞」だ。京都大学iPS細胞研究所によれば、iPS細胞はどんな細胞にもなれるので、これを利用してさまざまな細胞を作り出すことができる。例えば糖尿病であれば血糖値を調整する細胞を、または、神経が切断されてしまうような外傷を負った場合には、失われた神経細胞を移植することが可能になるという。

ところが、山中教授らが発表した論文で、マウスのｉＰＳ細胞を作製するときに用いた初期化因子の一つがガン原遺伝子だったため、この遺伝子が細胞内で活性化した場合の発ガンが懸念され、「ｉＰＳ細胞はガン化する」と言われたことがあった。

事実、ｉＰＳ細胞をつくる際に、細胞にもともとある遺伝子が失われたり、あるいは逆に活性化されたりする可能性があり、その結果、細胞が腫瘍(しゅよう)化する危険性があった。しかし、現在では、再活性化を起こさない最適な方法が開発されている。

他にも、未分化細胞が残ることで、テラトーマと呼ばれる奇形腫（良性腫瘍）ができる可能性があるが、これについての研究も進んでおり、着実に成果をあげているという。

まだまだ課題は多いが、例えば、さまざまな病気の人間の細胞を自由につくることで、病気の研究や薬の開発が飛躍的に進む可能性がある。

こうした研究成果によって山中教授は、２０１２年にノーベル生理学・医学賞を受賞した。

ちなみに、ｉＰＳ細胞を英語で「induced pluripotent stem cell」と表記するが、

山中教授は、なぜ「ｉ」だけが小文字なのかと聞かれ、そのころ音楽プレイヤーとして人気のあったアップル社の「ｉＰｏｄ」にあやかり、覚えやすい名前にしたかったと語っている。

「人間を支配する人工知能」を、どこまで正しく知っている？

横山光輝（よこやまみつてる）が漫画「鉄人28号」で、学習能力を持ったロボット「ロビー」が、ロボット王国を作ろうとする話を書いたのは、今から60年以上も前の１９５０年代終わりのことだ。当時は、現実にＡＩ（人工知能）が人間の能力を超えるのは「遠い先のこと」と考えられていた。

ところが最近では、ＡＩが人間を追い越すことで世界が一変することを意味する「シンギュラリティ」（技術的特異点）という言葉がよく聞かれるようになってきた。

２００５年に、この考えを提唱した米国の発明家で人工知能の世界的権威であるレイモンド・カーツワイルは、「２０４５年にシンギュラリティが起こる」と言っている。この「ＡＩが人間よりも賢くなる時」がシンギュラリティというわけだ。

カーツワイルは、「２０１５年には家庭用ロボットが部屋の掃除をする」と予測した人だ。その予測はほぼ的中したといっていい。

振り返れば、ＩＢＭのＡＩ「ディープブルー」が、チェスの世界チャンピオンに勝利したのは、今から20年前の１９９７年だったが、その後、ＡＩは加速度的に進化を遂げた。

ＡＩによる東大合格を目指して、国立情報学研究所などが約４年間にわたって研究を進めてきたＡＩ「東ロボくん」は、文章問題に苦戦して２０１６年にプロジェクトを断念したが、偏差値57・1をマークし、ＭＡＲＣＨ（明治、青山、立教、中央、法政大学）、関関同立、国公立大学に合格するほどの実力に達している。また、同じ年にグーグルの囲碁ＡＩ「アルファ碁」がプロ棋士に勝利している。

このまま進化を続ければ、今から30年後には「人間の能力を超えたＡＩの誕生で世界が一変している」という。

ＡＩが人間の能力を上回り、自ら考えて判断し、行動するようになり、進化したＡＩがさらに進化したＡＩやロボットを作るようになるかもしれない。「ロビー」が画策していた世界が実現するわけだ。

カーツワイルによると、ＡＩは地球にとどまるのではなく、自らの考えと判断で宇宙開発にも乗り出していくという。確かにＡＩなら酸素がなくても宇宙で活動でき、人間が宇宙で活動するよりも適している。

そのとき人間の生活がどう変化するか。

SF映画では、発達したスーパーコンピューターが悪者になることが多い。人間の不完全さに我慢できなくなり、人間を支配しようとする。破壊されても再生して立ち向かってくるジェームズ・キャメロン監督の「ターミネーター」などもその類だ。しかし、カーツワイルは、シンギュラリティが起きると「人類が好きなだけ長く生きることができるだろう」としている。

AIを使った医療が発展し、コンピュータを体内に埋め込むことで、コンピュータが臓器の代わりなる。ガンや白血病になった場合でも、コンピュータに取り替えて治すことができるという。そうなれば、2045年の到来が楽しみとも思える。

「スマホやカーナビに使うGPS」が、どんな仕組みかわかりますか

カーナビやスマホでの道案内や、子どもの安全を守るための位置情報が得られる

ＧＰＳを利用する人が多いが、どのような仕組みか知っているだろうか。

ＧＰＳは「全地球測位システム」と呼ばれるもので、人工衛星からの電波を受信して正確に位置を測定する装置である。

地球の上には現在31基のＧＰＳ衛星が、約２万キロメートルの高度で、地球を取り囲むように飛び交っていて、地球上空のすべてをカバーするように配置されている。その位置情報と時刻情報を電波で地表に向けて、光の速度で発信しているのだ。

１個の衛星でなく、２個、３個と衛星の数が増えればより正確に地球上の位置を特定することができる。

当初は軍事目的で開発されたが、１９９６年にアメリカの政策が変更され、誰でも自由に利用できるようになったことで、応用範囲が飛躍的に広がった。

日本はこうした「衛星測位」をアメリカに依存していたが、日本版ＧＰＳが求められ、２０１８年にはＧＰＳ衛星「みちびき」が導入されて、日本の衛星は４基となった。２０２３年には７基体制となる予定で、アメリカのＧＰＳ衛星に頼らずにすむことになるようだ。

現在の東京では、もっとも多いときで10基の衛星からの電波をとらえることができるという。

航空機や自動車、列車の交通機関はもちろんのこと、個人の持つスマートフォンにもGPS受信機能が搭載されている。カーナビで自分の車が今どこを走っているかわかるのは、車に搭載された受信機のおかげなのだ。

日本の衛星である「みちびき」は、2018年11月1日にサービスを開始した。「みちびき」に対応したスマホでは、位置の精度が数センチの誤差に止まることが証明されている。従来はビルの谷間や山間部での位置情報は精度が粗かったが、こうした問題も解消された。

しかしながら、他の衛星と同様に「みちびき」からの電波が直接届く場所でないと意味がないため、一般的な受信機ではビルの屋内や地下街、トンネルの中などでは役に立たない。

これらは今後の課題だが、やがては解決されるようになるだろう。

6章

宇宙・地球の残念な常識

「震度とマグニチュード」は、似たようなものだと思っていませんか

「緊急地震速報です。震度7を熊本県熊本地方で観測しています。地震の規模を示すマグニチュードは6・4を示しています」

これは、2016年4月14日の地震速報の一部である。地震の報道でよく耳にする「震度」と「マグニチュード」が示す数値がどのようなものなのか、説明できるだろうか。

そもそも日本は、北米プレート、ユーラシアプレート、太平洋プレート、フィリピンプレートの4つのプレートの上に乗っており、地震大国であるのはご存知のとおりだ。地震発生のメカニズムは、簡単にいうと、海のプレートが日本列島の下に沈み込み、それと同時に陸のプレートも引きずり込まれる。しかし、陸のプレートが元の位置に戻る力がはたらいて跳ね上がったときに大きな地震が起きる。

地震が起きたときに、地震がもたらす揺れの指標となるのが「震度」、地震そのものの大きさ（規模）が「マグニチュード（M）」とよばれている。つまり、どのくらい強い地震なのかがマグニチュードでわかり、震度でその地震があらかじめ地域でどのような揺れになるのかがわかる。

マグニチュードについて説明すると、例えば、レンガが割れたときに「割れた面積」と「ズレ」ができる。この「割れた面積」と「ズレ」からレンガが割れたときの規模がわかるのだ。

地震も同様に、地震で地面の岩板が割れて断層ができる。このときに「割れた面積」と「ズレ」から地震の規模がわかる。それをマグニチュードで表しているのだ。例えば、マグニチュード6では、10キロメートル×5キロメートルの断層が50センチメートルずれる地震を示している。

計算上はマグニチュード12まで設定されているが、マグニチュード12では断層の長さが1万4000キロメートルになるとされて地球の直径を超える。つまり地球は真っ二つになる計算だ。

ちなみに2011年の東日本大震災は、マグニチュード9とされ、観測史上最大の地震は1960年のチリ地震で、マグニチュード9・5だった。

一方、ある場所における揺れの強さを示すのが震度で、人の感覚で決められている。地震の力は震源地でもっとも強く、震源地から離れるにしたがって弱くなる。震度階級は各国で違っており、日本では気象庁が独自の震度階級の基準を用いていて、地震波から震度を算出する「計測震度計」を全国3000カ所以上に設置している。

体に感じられない震度0から、8までの階級があり、震度5と震度6は「強」と「弱」に分けられて10段階がある。およそ震度5から大きな被害が出はじめる。

1995年の阪神淡路大震災では震度7が記録されている。震度6以上の地震は1996年から2005年の10年間で24回あり、巨大地震が起こる可能性が危惧されている。

「重力は地球のどこでも同じ」ではなかった

重力と引力は、「どちらも地面に落ちる力」と思っていると、大間違いである。

重力は「物体の重さの原因になっている力」で、引力は「二つの物体が互いに引き合う力」である。

ニュートンが「万有引力の法則」を発見したエピソードに、リンゴが落ちるのを見て「なぜ、物は落ちるのか」と疑問に思ったというのがある。

このエピソードの真偽は別にして、ニュートン以前から、あらゆる物体は大なり小なりの引力を持ち合わせており、引力はその物質の質量に応じて大きくなると知られていた。

リンゴと地球は互いの引力によって引っ張り合っているが、地球上の物はすべて、引力の強い地球の中心に向かって引き寄せられているというのが、リンゴが落ちるということである。

地球は北極と南極にかけた自転軸で回転しているため、外側（上空側）に向かった力「遠心力」が働いている。自転のスピードは北極や南極では0だが、赤道直下では時速約1700キロにもなる。

遠心力が働かない両極が、もっとも重力が大きく、遠心力がもっとも大きい赤道では重力が小さくなり、その差は0・5％ほどとされている。

また、遠心力は高度が高いほど大きくなるため、アフリカ・タンザニアの赤道直下から約340キロメートル南にある、標高5892メートルのキリマンジャロの山頂が、世界で一番重力が小さいということになるのだろう。

したがって、「地球のどこでも体重は変わらない」とはならないのである。体重を気にする人は、キリマンジャロ山頂で計れば、多少は軽く表示されるに違いない。北極で50キロの体重の人が、赤道直下では49・75キロにしかならないけれど。

「生身で宇宙に飛び出したら……」その先の意外な事実を知っている？

人間は、1気圧の地表に適応しているわけだが、もし、気圧がゼロの上空の宇宙に生身で放り出されたらどうなるのだろうか。

まず、気圧が高い状況を考えると、深海6500メートルだと、651気圧にもなり、1平方センチメートルに651キログラムの力がかかる。つまり、小指の先ほどの面積に成年男性10人ほども乗っている状態である。地表にあるものが深海6500メートルでは、たちまち押しつぶされてペシャンコになるのだ。

さて、気圧が高い深海とは反対に、気圧がゼロの真空状態である宇宙空間ではどうなってしまうのか。例えば、空気の入った風船を真空中に放つと、風船がたちまちふくらみ破裂する。それと同じように、肺に空気をもつ人間が生身の体で宇宙に飛び出せば、瞬時に破裂して死亡してしまうのだろうか。

宇宙船の船外活動をする宇宙飛行士は宇宙服を着ているのだが、1965年にアメリカのジョンソン宇宙センターで宇宙服のテストをしていたとき、真空の環境を作り出すことができる「真空チャンバー」内でNASA技術者が着ていた宇宙服が、何かの手違いで真空に近い状態にまで減圧してしまうという事故が起こった。

27秒後に圧力が元に戻ったのだが、一命を取り留めている。この事故を体験した者によれば12～15秒で意識を失い、意識を失う前には舌先がピリピリとする感覚があり、露出している粘膜の水分が沸騰し始めた記憶があるという。その後の4日間は味覚を失ったものの身体は無傷だったようだ。

また、1971年にソ連の有人宇宙船ソユーズで、キャビンのバルブが開き宇宙船内が減圧する事故が起こり、3人の宇宙飛行士が45秒間で死亡した。その死因は、身体が破裂したり血液が沸騰したのではなく、窒息死とされている。

さらに、テキサスのブルックリン空軍基地で行われたという、イヌを真空に近い状態にさらす実験では、90秒以内なら後遺症もなく蘇生し、2分間では心停止で死亡した。サルでは3～5分間でも復活した例もあるとされ、人間も90秒程度なら復活できる可能性があるという。したがって、即死はしないが、短い時間に救出されなければ、死にいたるのは確実である。

ちなみに、2018年8月、ソユーズMS－09の壁に直径2ミリの穴が空いて、空気が漏れ出すという事故が起きた。地上の管制センターから知らされたアレクサンダー・ゲルスト宇宙飛行士は、空気漏れを食い止めようと自らの親指で穴を押さえて塞いだという。

その後、ダクトテープとエポキシパテを使って応急処置をしたようである。滞在中の6人の飛行士に安全上の問題はないということだ。

「宇宙ステーションは無重力」は大きな勘違い

国際宇宙ステーション（ＩＳＳ）の映像がＴＶに映されると、必ず「無重力状態」という言葉が使われる。２００９年、若田宇宙飛行士が30～40キログラムの水タンクを片手で持っている映像が映され、物の重さが無いように見える。

しかし、ＩＳＳは、実際のところ無重力状態ではないのだ。

ＩＳＳというのは、15カ国が協力し合って運用している有人実験施設で、横幅が１０８メートル、奥行き70メートルほどでサッカーコートぐらいの大きさがある。

現在、地球から最低高度２７８キロメートル、最高高度４６０キロメートルの範囲に維持して飛んでいる。

地球を回る速さは、秒速8キロメートルで、約90分間で一周し、一日に16周する。

鉄砲の弾よりも速く移動しているのだ。

さて、「無重力」とは、重力が0ということだが、地球からISSまでの高度400キロメートルの距離では重力はまだ地上の8割ぐらいあり、体重50キロの人なら40キロぐらいになる。

ISSの映像を見ていると、宇宙飛行士が浮かぶなど無重力っぽいので不思議に思われるかもしれないが、それは、ISSが自由落下していて施設の中にいる人や物も同時に落ちているので体が浮いているのだ。これを「無重量状態」といい、「無重力っぽい」と感じる正体である。

それならば、すぐにでもISSが地球に落ちてくるように思われるのだが、高度400キロメートルで安定しているのはなぜだろうか。

そのポイントは「遠心力」がはたらいているからだ。例えば、車に乗っていて右に曲がるときに反対の左側に体が動かされる。このように、物体を回転させると外側に働く力を遠心力と呼ぶ。ISSは、地球を周回しているので遠心力が働き、地球の外に向かって飛んでいく力が働いている。

この地球の外側に行こうとする遠心力と、地球の中心にむかう重力が釣り合っている状態なのでＩＳＳは高度を保っているのだ。

「月と地球はずっと同じ距離にある」は間違いだった？

約45億５０００万年前、うず巻くガスやチリの雲の中から地球は誕生した。そのときから地球自身が自転し、地球は太陽の周りを回る公転をずっと続けている。

地球の唯一の衛星である月は、地球の4分の1ほどの大きさで、その誕生には諸説ある。「ジャイアントインパクト説」では、誕生して間もない原始地球に火星ほどの大きさの天体が衝突し、その時に飛び散った物質が軌道上に集積して月を形成したとしている。

月には地球の6分の1の引力があり、月と地球は互いが引っ張り合い、影響し合いながら回転している。

また、月は約27・3日で地球を一周し、現在の月と地球の平均距離は約38万キロとされる。だが、月は地球に対して楕円に回る公転軌道をとっており、地球から遠くなったり近くなったりしているので、月がもっとも接近した距離は35万6400キロで、もっとも離れたときは40万6700キロになる。

月が地球を回る遠心力と引力が釣り合っているから、月は落ちてこないのだが、月と地球は年に4センチずつ接近しているという、誤った説もある。その説とは逆に、実は月は地球から年に3～4センチずつ離れており、現在も続いているとされる。だが、50億年後にはちょうどいいポイントで落ち着くとされ、月が遠ざかるに

つれて、月の引力は弱まって地球の自転は遅くなるので、そのときの1日は140時間になるようだ。

誕生時の地球と月の距離は約2万キロであったとされ、当時の月を地球から見れば、19倍の大きさに見えていたことになる。その頃には地球の自転スピードは今よりも早く、一回転するのに約5時間だったとされる。

地球が太陽の周囲を回る公転速度は変わらないために、当時の1年は1500～2000日ほどであった。45億年以上をかけて、1日の時間も長くなり、公転周期が早くなったのである。

月は地球のすぐそこにあると思えるが、1秒間に地球を7周半する光の速さでも、地球で発した光が月にとどくのに1・3秒もかかる離れた距離にある。それでも月の引力は地球に影響を与えている。月の引力で海の干満が生まれていることは知られているが、地球の地面も引っ張られて10センチほど盛り上がるとされている。

また、潮の満ち引きによって海水と海底の摩擦が起こる「潮汐摩擦」という現象によって、地球の自転速度はだんだん遅くなっているようだ。

といっても50年に0・001秒ずつであるのだが。

「月旅行は夢物語」とは言えなくなってきた

１９６１年に、旧ソ連のボストーク1号で、ユーリイ・ガガーリン空軍中尉が人類ではじめて宇宙に飛び、1時間48分の宇宙旅行に成功した。

それ以後、現在まで５００人を超える人が宇宙を訪れ、技術の進歩によって宇宙服を着用して宇宙空間に出ることもできるようになっている。

こうした宇宙旅行も、現在ではアメリカを中心にした宇宙ビジネスとなり、ＩＴ企業家が進出して宇宙ベンチャーブームが起こっている。

宇宙ビジネスは、いつかやってくる未来ではなく、すでに38兆円という世界規模の市場になっており、ロケットや人工衛星の製造に関する市場、宇宙旅行の市場、衛星データ活用や衛星テレビサービスなど多様な市場がある。

宇宙を利用したビジネスには、これまでにも人工衛星を使った位置情報を調べる

GPSシステムがあり、車の自動走行や測量、物流から農産物の育成、資源開発など、多くの分野で応用する可能性を秘め、各国で整備が進んでいる。

また、ベンチャー企業独自でロケットや人工衛星を作り始めており、2017年3月にアメリカの民間宇宙ベンチャー企業の「スペースX」は、自社製ロケットの再使用打ち上げに成功している。

2018年10月、スペースXは2023年に予定した最初の月周回飛行でのシートのすべてを、日本のファッション通販サイトの社長が購入したと発表した。

スペースXは、月周回飛行にどれほどの費用が必要かは明らかにしていない。だが、2001年にアメリカ人のデニス・チトー氏が、ロシアのソユーズに乗って国際宇宙ステーションに行き、8日間滞在して帰還した費用は2000万ドル（約22億円）だったとされている。

全シートを購入した日本人社長は、今回のプロジェクトには8人のアーティストを招待する考えで、今後の創作活動に活かして欲しいとしており、一説では約50億ドル（約5500億円）ほどと推定されている。

これまで、民間人が宇宙旅行に行くにしても、健康上の問題がないのはもちろん、厳しい訓練を受けねばならなかったが、このプロジェクトでは人間ドックで異常がないとされれば大丈夫という気軽なものだ。

また、日本の宇宙ベンチャー「PDエアロスペース」では、高度100キロメートルへの到達を目指して、宇宙飛行機の開発に向けている。このような弾丸ツアーでの短時間の宇宙旅行なら、格安で宇宙を体験することも可能と思われる。手軽な宇宙旅行が来る日も遠くないだろう。

アメリカの「ヴァージン・ギャラクティック社」では、再使用可能な宇宙船を開発しており、年に500人を宇宙体験させる企画を進行中だ。1人25万ドル（約2750万円）で募集したところ、すでに750人が代金支払い済みで、この中に日本人も数人含まれているという。

「ツバルの海面上昇の原因は地球温暖化」が、ウソだった？

近年、各方面で「地球の温暖化」が叫ばれ、ＮＡＳＡの最新の研究によれば、過去25年間の衛星データを基に、地球の海面が年々上昇しているのみならず、海面上昇速度が速くなってきていることが判明し、２１００年には世界の海面が今よりも65センチメートルほど上昇するとしている。

海面上昇の原因には、温められた海水が膨張するものと、南極などの氷床が溶けて海に流れ出るものの二つがあるとしている。中でも海面上昇の速度の加速については、グリーンランドや南極大陸の氷床が溶けることが大きな要因とあるが、はたして本当だろうか。

数年前から、温暖化で南極や北極の氷が溶け出し、海面が上昇すると報道されている。しかし、冷静に考えると、現在の南極はマイナス40℃とされ、気温が5℃上昇してもマイナス35℃もあり、氷が溶けたりする温度ではないだろう。

万が一、南極の氷が溶けたとしても、温められた南極周辺の海面から水蒸気が発生し、これが上空で冷やされて雪になり、南極大陸に降り積もるのだ。

さらに、水が氷になると膨張して体積が増えるということは、誰もが知っていることで、体積が膨張した氷が溶けても元の体積の水に戻るだけで、海水面に影響はないのである。

また、近年の猛暑によって海水の温度が上がり、海水が膨張して上昇するという。しかし、例えば自宅の浴室の空気の温度をサウナ並に高温にさせても、浴槽の水が沸くことはないように、猛暑による空気温度の上昇で海面が上昇する考えは無理があるだろう。

南太平洋に浮かぶ島国ツバルで、満潮時に海水が陸地を覆っている映像が報道されて、地球温暖化の象徴のようになっている。だが、もともとツバルは珊瑚礁でできた海面スレスレの島で、太平洋戦争中にアメリカ軍が航空機の滑走路を作るために島全体を埋め立てていたのだ。

このときに打ち込んだ杭が、70年という歳月で崩れてきており、できた窪みからの湧水や、生活排水による海の汚染で砂が激減しているというのが原因のようだ。

現に、ツバル気象庁が測定したデータでは、ツバルの海面は「9センチメートル低下している」という結果が出ているので、陸地部分が沈んでいるのである。

また、イタリアの美しい水の都とされるヴェネチアも水没の危機にある。ヴェネチアは北イタリアの住民が、侵入してきたゲルマン人から逃れるため、足場の悪いヴェネチア湾の干潟（湿地帯）を防御施設として、松の杭を打ち込んで作られた石造りの都市である。

その後、大砲の発明によって、干潟の防御は意味がなくなったが、運河が縦横に走る美しい町並みが観光地として有名になっていった。

ところが、ヴェネチアの地下プレートは年に数ミリずつ沈下しており、海抜が1メートルほどしかない町は、高潮などで年に40回ほども冠水し、名実ともに「水の都」となっているのである。観光を考えると護岸工事もできないのが苦しいところだろう。

「石油があと数年で枯渇する」って信じてませんか

すべての資源には必ず限りがあり、石油も、いつか必ずなくなる日がくる物資である。

現代文明はエネルギー資源や工業原料として石油に依存しきっており、石油の枯渇問題の解決は最優先事項であると言っても過言ではないだろう。

われわれが、石油を燃料として使うようになったのは、そう古い話ではない。石油の存在は紀元前から知られていたが、当初はアスファルトの材料や医薬品、わずかに灯油として使われているだけであった。1859年にアメリカのペンシルヴェニアで油井(ゆせい)が開発され、それに目を付けたロックフェラーがスタンダード石油会社を設立、燃料用石油の量産が始まった。

1970年代のオイルショックのころに、「石油はあと30年で枯渇する」と言われ、たった150年ほどの採掘で枯渇する石油の貴重さを認識させられ、21世紀には石油のない社会になるとされていた。

ところが、21世紀になっても石油は枯渇していない。その一番の理由として、採掘技術が進歩したことで、採掘できる場所が増え採掘量も増えていることにある。

初めのころは、地表の浅いところにパイプを突き刺すだけで、黒々とした石油が天に向かって噴き出した。それで十分に需要を満たすことができたのである。現在では、数千メートルの海底下をさらに掘り進めたりしている。

地球は海洋が大地よりも広く、地上にある油田の量より海底油田が多いはずである。しかし、数千メートルの深海の海底を掘るのは至難の業（わざ）で、試掘だけでも膨大な費用がかかる。掘削コストが見合わなければ、どんなに潤沢な海底油田であっても、投資モチベーションは高まらないが、石油価格の上昇によって採算が合うようになったこともある。

さらに、石油になる前段階のシェールオイルが固まっている地層を掘ることで石油が採掘できるようになった。アメリカを中心とする北米大陸と中国、南米などには、油母頁岩など油母を多く含む岩石であるオイルシェールの層があり、従来はコスト的に見合わないため本格生産されていなかったが、技術開発でクリアになったのである。

オイルシェールの層からは、シェールガスという天然ガスと同時にシェールオイルという原油も採れ、これらの国々は石油生産ブームに沸き「シェール革命」と呼ばれている。

採掘技術の進歩やオイルシェールの活用など、石油を確保する手段や能力が進化したことで、今後の何百年間は石油の枯渇は心配ないようだ。

現在、世界が1日に消費する原油の量は、1146万6000トンとされ、これは現在では日本が中東などから原油を運んでいる、全長が330メートルもある30万トンクラスのタンカーで約39杯分である。

だが、アメリカエネルギー情報局の発表によると、中国はアメリカを抜いて、石油輸入額が石油輸出額を上回った世界最大の純石油輸入国となったとしており、中国国土資源省は、2030年までに中国の石油・ガス生産量が倍増し、石油換算で

7億トン近くに相当する規模になるとの見通しを示し、エネルギー需要は引き続き増えていく傾向にある。

現在では、地球温暖化・気候変動の観点から、二酸化炭素の排出量を減らすということが優先され、化石燃料をバンバン使うことが牽制され、埋蔵量にかかわらず化石燃料を使わない新しいエネルギー開発に向かっている。

将来を担う子どもたちに、こうした石油枯渇問題は残したくないものである。

「温暖化防止のために森林保護」が、なぜ間違いなのか

私たちは子どもの頃から、樹木は二酸化炭素（CO_2）を酸素に変えるため、植林して樹木を増やすことが大切と教えられてきた。

気温が高く、二酸化炭素の濃度が高い状態は、樹木の成長に好都合とされている。

地球温暖化防止にもなるとされているが、本当にそうだろうか。

樹木は大気中のCO_2を吸収し、これを炭素（C）と酸素（O_2）に分け、炭素だけを取り込んで酸素を放出するのだが、実際には二つの二酸化炭素を取り込み、一つの炭素を成長する養分とし、もう一つの炭素は放出して大気中の酸素と結合させ、ふたたび二酸化炭素にしているのである。

若木は成長期に光合成が活発になって、二酸化炭素吸収量も多くなる。そして、枯れて死んだ樹木は土壌微生物などによって分解される。

このときに蓄えていた炭素が放出されて酸素と結合し、二酸化炭素になっているのだ。

つまり、樹木が成長する間には、たしかに二酸化炭素を吸収しているのだが、それが死ぬと吸収していた炭素の分だけ二酸化炭素に戻るため、トータルではプラスマイナス0になっているのである。

世界の二酸化炭素排出量は、２００８年に２９６億トンもあり、森林による二酸化炭素の吸収量は3億トン程度とされている。これには土壌微生物の分解で排出される二酸化炭素は含まれていないので、現実には森林効果は期待されるものではない。

１９９７年12月に、京都市で開かれた第3回気候変動枠組条約締約国会議で、先進国の二酸化炭素、メタン、亜酸化窒素など6種類の温室効果ガス削減率を採択した。これを京都議定書というが、１９９０年の排出量にまで制御するというもので、大量に排出しているアメリカや中国は批准していないし、カナダは達成不可能として離脱している。

地球温暖化は科学的に立証されていないとする学者もあり、温暖化の要因には「太陽活動の影響」や「都市化の影響」もあり、温室効果ガスだけを削減しても不十分という。

「太陽光エネルギーは環境にいい」と言ってませんか

資源の少ない日本では「自然エネルギーをもっと使った方がいい」と言われることが多い。

現在、自然エネルギーと言われるものは、地熱以外は太陽エネルギーに関係している。例えば、風力では風が吹かねばならないが、風は太陽が大気を暖めることで気温差が生じて発生する。水力も海面が太陽に暖められて水分が蒸発し、それが雨になって山肌に落ち、川となって流れているのである。

太陽の核融合エネルギーは宇宙に放出され、地球はその約22億分の1しか受けていないという。日本人一人あたりのエネルギー消費量は、現在の太陽エネルギーなどの2000倍は必要とされ、太陽の光エネルギーを利用するには、とても弱いエネルギーなのである。将来的にすばらしい太陽電池が開発されたとしても、現在のような電力の大量消費を賄えるまでにはならないのは明らかだ。

太陽は半永久的に存在し、太陽光という無限のエネルギーを地球に降り注いでおり、環境にも優しいとする人たちもいる。

人間が少なければ自然の恩恵を受けることが大きいのも事実だ。例えば、日本より国土が2割近く広いスウェーデンでは、総電力の50%を水力発電でまかなっているというが、人口は約1000万人ほどである。

日本では、環境を破壊しない水力発電の限度は、総発電力の3%くらいとされており、この発電量はスウェーデンの電力を100%賄えるものだ。

日本中の電気を太陽光発電で賄おうとするなら、香川県全土に太陽光発電パネルを敷き詰めるくらいの面積が必要とされている。屋根の上に太陽光発電パネルを設置している家屋もあるが、費用の割には大した発電量にはなっていない。

太陽光発電を推進した場合は、日当たりの良い場所に、太陽光発電パネルを敷き詰めねばならない。その場所は豊かな自然が広がっていたり、田畑になっていたりするところであり、そのパネルの下は日陰になり、そこに棲む動植物は死滅し環境破壊に結びつくのである。

２０１８年10月、九州で約2万４０００件ある太陽光発電事業者の９７５９件が送電網から切り離された。九州の原発4機は、２０１２年に起こった東京電力福島第一原発事故で停止されていたが、原発が再稼働することになって電力が余ったためという。

国が主力電源に原発を置いている結果だが、環境破壊を声高に叫びながら、再生エネルギーを抑制して原発を再稼働するするのは果たして妥当なのだろうか。

「ゲリラ豪雨は気象予報用語」というワケではなかった

「ゲリラ豪雨」という言葉は、１９６９年8月の読売新聞で初めて使われた。当時、梅雨前線などによる集中豪雨の被害が目立つようになり、気象予報会社では、突然発生したり、予測困難だったり、局地的であったりする集中豪雨を「ゲリラ豪雨」というようになった。

そもそも「ゲリラ」という言葉は軍事用語だ。19世紀初頭のスペイン独立戦争で、ナポレオン軍に対してスペイン軍やスペイン人民衆の採った作戦を、ゲリーリャ(guerrilla、スペイン語で「小さな戦争」の意味)と呼んだのが語源とされる。

主力軍同士が正面からぶつかる戦闘ではなく、戦線外で小規模な部隊によって臨機応変に奇襲したり、待ち伏せしたり、後方支援を破壊する戦法だ。

それがなぜ気象に用いられるようになったのか。

もともと「夕立」や「にわか雨」と言われ、吉行淳之介の小説タイトル「驟雨」などという表現では物足りないほど、強烈な雨としたかったのだろう。

「ゲリラ豪雨」の語は、２００８年の新語・流行語大賞トップ10に選出された。受賞者は新聞社ではなく、気象予報会社になっている。

２００８年7月28日、10分間で24ミリという「50年に1度」とされる豪雨が降り、神戸市灘区を流れる都賀川に、毎秒40トンの雨が短時間に川に流入、河川敷で遊んでいた小学生、保育園児ら10人が流され、5人が死亡した。

8月5日には、東京都豊島区の工事現場で、下水管内で作業していた男性5人が、増水した急流にのみ込まれて死亡した。この時、現場付近では1時間に57ミリの突然の豪雨に襲われ、地上の作業員が縄ばしごを投下したが間に合わなかったという。

こうした雨の降り方は、前線が発達して次々に積乱雲が発生するという従来型のモデルでは説明がつかない。原因については未解明な点が多いが、特に都市部に集中して起きていることから、ヒートアイランド現象と結びつけて考える専門家が多い。

気象庁によると、ヒートアイランド現象とは、都市の気温が周囲よりも高くなる現象のことで、高温の地域が都市を中心に島のように分布することから、このように呼ばれるようになったという。

なお、気象庁は「ゲリラ豪雨」を気象予報用語として用いず、「集中豪雨」「局地的大雨」、または「短時間強雨」などの用語を雨量などに応じて使い分けている。

NHKも、基本的に「ゲリラ豪雨」という呼称は使わず、気象庁と同様に「集中豪雨」「局地的大雨」などの気象用語で放送している。

「ダイオキシンは日常に潜む猛毒！」を最近、耳にしないウラ事情

ダイオキシンは、「発ガン性・催奇形性・内分泌攪乱（かくらん）作用などあらゆる毒性を併せ持ち、史上最強の毒物」と言われてきた。

ダイオキシンはマウスやラットなどの動物実験で非常に強い毒性を示すことから、日本では90年代の終わりころから規制を始めた。さらに、１９９９年には、埼玉県所沢（ところざわ）市の産廃処理施設から高濃度のダイオキシンが発生し、付近の環境を汚染しているとして大騒ぎを起こしたこともあった。

身近なところでは、バーベキューで肉や魚を焼くとダイオキシンが発生するので、バーベキューを控えるべきという説もある。ダイオキシン類は「青酸カリよりも毒性が強く、人工物質としてはもっとも強い毒性を持つ物質」としているからだ。

しかし、これはダイオキシンを日常の生活の中で摂取する量の、数十万倍の量を摂取した場合のことで、もしダイオキシンが猛毒だとすれば、鶏肉を400℃から500℃で焼いているやきとり屋の従業員は、病院送りになってしまうはずだ。

そのようなことはもちろんなく、やきとり屋の従業員は今日も元気いっぱいに働いている。また、バーベキューで発生する程度のダイオキシンで、人の健康が損なわれるようなことはない。

東京大学の和田攻(わだおさむ)名誉教授は論文で、「少なくとも人は、モルモットのようなダイオキシン感受性動物ではない。また現状の環境中ダイオキシン発生状況からみて、一般の人々にダイオキシンによる健康被害が発生する可能性は、サリン事件のような特殊な場合を除いて、ほとんどないと考えられる」と発表している。

環境省などの関係省庁が、2012年に発行した共通パンフレット『ダイオキシン類』にも、「ダイオキシン類は意図的に作られる物質ではなく、実際に環境中や食品中に含まれる量は超微量ですので、私たちが日常の生活の中で摂取する量により急性毒性が生じるような、すなわち、誤って飲み込んで急性毒性が生じるといった、事故が起こるようなことは考えられません」と書かれている。

ともあれダイオキシンを気にせず、安心してバーベキューを楽しみたいものだ。

「酸性雨のしくみと影響」を正しく言えますか

マスコミはときおりヒステリックに危機感を煽(あお)っておいて、その時期が過ぎるとピタリと口を閉じ、知らんふりをすることがある。

「酸性雨」をめぐる報道もその一つで、1991年と翌年には、新聞紙上で週に一本以上のペースで「酸性雨で森が枯れる」「地球が危ない」といった論調の記事が掲載され、ときには企業の責任を問い、ときには政府の対策不備を糾弾している。

ところが、1993年になると、そうした記事が半分以下に減り、現在ではほとんど見かけないのは、酸性雨が降らなくなったからだろうか。それとも十分な対策が施され、危機的状況ではなくなったのだろうか。

気象庁によれば、酸性雨とは「二酸化硫黄や窒素酸化物などを起源とする酸性物質が雨・雪・霧などに溶け込み、通常より強い酸性を示す現象」とある。

具体的には、石油や石炭が燃やされると、硫黄酸化物や窒素酸化物といった酸化物が大気中に排出される。これが大気中で光化学反応などの化学変化を起こし、硫酸や硝酸となって雨・雪・霧などに溶け込むと、酸性雨になって地上に降りそそぐ。

河川や湖沼、土壌を酸性化して生態系に悪影響を与えるほか、コンクリートを溶かしたり、金属にサビを発生させるなど建造物や文化財に被害を与えるというものである。

環境省などのレポートを見ると、酸性雨は今でも降り続けているし、酸性雨の原因となる二酸化硫黄や窒素酸化物は、あいかわらず放出され続けているのだ。

それにもかかわらず、報道されることが少なくなったのは、どうやら日本ではそれほど被害が出ていないことが、はっきりと判明したからだ。

酸性雨の原因となる物質は、国境を越えて数百から数千キロメートルも運ばれることもあり、世界各国が協力してその動向を監視し、さまざまな観測・分析を行っている。

日本では、1983年度から酸性雨の調査を始めており、2014年には24地点で観測を実施している。

2009年を例にとると、地点ごとの年間平均値はpH4・40から5・04となっている。pH7・0が中性なので、pH5・6以下の降水は文句なしの「酸性雨」なのだ。

しかし、その調査によっても生態系への悪影響は確認されなかった。木の枯れ具合を全国25地点で調べたところ、葉が少なくなっているなどの問題がある所が17地点あった。だが、これは台風や雨の少なさなどが主な原因で、酸性雨による土壌の酸性化が原因とはっきりわかったわけではなかった。

マスコミで取り上げられることが少なくなったが、酸性雨を始めとする大気汚染問題は終わっていない。今後の研究が重要になるだろう。

【参考資料】

『日本大百科全書』小学館／『世界大百科事典』平凡社／『理科年表』国立天文台ほか監修　丸善出版／『図解　身近な科学』涌井貞美　KADOKAWA／『イケナイ宇宙学』フィリップ・プレイト　江藤巌ほか訳　楽工社／『あの常識、全部ウソでした』高比良公成編　アスベスト／『健康と食べ物　あっと驚く常識のウソ』ウード・ポルマー+ズザンネ・ヴァルムート　畔上司訳　草思社／『日本人の9割が答えられない　理系の大疑問100』話題の達人倶楽部編　青春出版社／『本当のような嘘の話』トキオ・ナレッジ　ワニ・プラス／『正しいと思い込んでいたその常識　実は大ウソでした』トキオ・ナレッジ　宝島社／『ずっと信じていたあの知識、実はウソでした』トキオ・ナレッジ　宝島社／『山中伸弥先生に、人生とiPS細胞について聞いてみた』山中伸弥　講談社／『進化しすぎた脳』池谷裕二　朝日出版社／『ダイオキシン情報の虚構』林俊郎　健友館／『今さら聞けない科学の常識』朝日新聞科学グループ編　講談社／『今さら聞けない科学の常識2』朝日新聞科学グループ編　講談社／『今さら聞けない科学の常識3　聞くなら今でしょ』朝日新聞科学医療部編　講談社／『時間を忘れるほど面白い雑学の本』竹内均編　三笠書房／『身近にあふれる「科学」が3時間でわかる本』涌井貞美　明日香出版／『思わず話したくなる　地球まるごとふしぎ雑学』荒船良孝　永岡書店／『もうだまされない！「身近な科学」50のウソ』武田邦彦著　PHP研究所／『宇宙はなぜこのような宇宙なのか　宇宙原理と宇宙論』青木薫著　講談社／『子どものなぜ？に答える本』科学プロダクションコスモピア丸善メイツ　ほか

〈ホームページ〉環境省、経済産業省、農林水産省、厚生労働省、文部科学省　ほか

青春文庫

日本人の9割が信じている残念な理系の常識

2019年 1 月20日　第1刷
2019年 2 月25日　第2刷

編　者　おもしろサイエンス学会
発行者　小澤源太郎
責任編集　株式会社プライム涌光
発行所　株式会社青春出版社
〒162-0056　東京都新宿区若松町 12-1
電話 03-3203-2850（編集部）
03-3207-1916（営業部）
振替番号　00190-7-98602
印刷／中央精版印刷
製本／フォーネット社
ISBN 978-4-413-09715-4